输变电工程
现场造价管理手册

国网河北省电力有限公司建设部 编著

中国电力出版社
CHINA ELECTRIC POWER PRESS

内容提要

本书作为现场造价管理工具书，主要包括管理职责、规范和现场实施阶段的工程造价内容，全书共分为4个章节：第1章为现场造价管理基本原则，对现场造价管理总体要求、工作目标和管控重点进行概述；第2章为现场造价管理职责分工，按照"四清"理念对各单位造价职责、管理体系人员配置要求和现场造价人员职责分工进行明确；第3章为造价过程管控，涵盖现场标准化配置，涉及图牌制作与项目部组建要求，造价专业技经交底、现场造价文件归档、系统信息数据管理、工程款支付管理、农民工工资支付管理、建设场地征用及清理赔偿费管理、现场工程量管理、设计变更现场签证管理、甲供物资管理、其他费用管理、分部结算管理、竣工结算管理和造价文件归档管理；第4章为现场造价管理执行标准及依据。附录中收录了工程建设实施中18项常见资料模板、协议及表格。

本书主要服务于电网工程现场造价管理人员使用，便于指导、规范现场造价管理各阶段、各环节造价管理实施，也可供电网工程各参建单位相关专业参考。

图书在版编目（CIP）数据

输变电工程现场造价管理手册 / 国网河北省电力有限公司建设部编著 . –– 北京：中国电力出版社，2022.4

ISBN 978-7-5198-6698-3

Ⅰ.①输… Ⅱ.①国… Ⅲ.①输电－电力工程－工程造价－手册 ②变电所－电力工程－工程造价－手册 Ⅳ.①TM7-62②TM63-62

中国版本图书馆 CIP 数据核字（2022）第 064985 号

出版发行：中国电力出版社
地　　址：北京市东城区北京站西街 19 号（邮政编码 100005）
网　　址：http://www.cepp.sgcc.com.cn
责任编辑：孙　芳（010-63412381）
责任校对：黄　蓓　郝军燕
装帧设计：郝晓燕
责任印制：吴　迪

印　　刷：北京天宇星印刷厂
版　　次：2022 年 4 月第一版
印　　次：2022 年 4 月北京第一次印刷
开　　本：880 毫米 ×1230 毫米　32 开本
印　　张：4
字　　数：83 千字
印　　数：0001-3000 册
定　　价：58.00 元

编 委 会

前　言

　　工程造价管理是工程建设管理重要组成部分，是工程建设方案的数字化表达形式，也是工程建设顺利实施的基本保障，工程造价管理能够反映工程综合管理水平，随着工程建设数量增多，更多的工程现场与造价管理协调问题显现出来，现场造价管理是国家电网公司为贯通工程现场与造价管理提出的创新管理思路。

　　为贯彻落实《国家电网有限公司关于加强输变电工程现场造价标准化管理的意见》（基建技经〔2019〕19号）和"四清"管理要求，规范工程现场造价管理行为，适应"新基建"建设要求，更有效指导现场造价人员落实现场管控，提升各单位现场造价管理能力，依据国家、行业有关规章制度，结合输变电工程建设管理特点，组织有关单位共同编制本工作手册。

　　手册适用于35kV及以上电压等级输变电工程建设管理单位及相关参建单位人员学习使用。

　　限于编者水平，加之时间仓促，书中难免存在不妥之处，希望各位专家和读者批评指正，以便修订时改进完善。

编者

2022年4月

目　录

现场造价管理基本原则

输变电工程现场造价管理是指从开工到竣工投产期间发生的施工现场造价管理活动，是工程造价全过程管理的重要组成部分，是落实初步设计、施工图预算管理、分部结算管理成效的重要阶段，是指导各项目部进行技经交底、合同管理、资金管理、设计变更签证、"三量"工程、其他费用、工程分部结算、竣工结算等造价管理活动的依据，是工程结算精益化管理的基础。

1.1 现场造价管理总体要求

一是职责清晰、落实到位。业主项目部做好过程管控监督协调，施工项目部做到过程真实准确合规，监理项目部做好"三控制、两管理、一协调"，设计单位做好设计质量管理与现场服务，现场造价人员到岗到位到责。

二是管控重点、造价合理。强化现场造价关键节点把控，设计变更与现场签证相关的技术方案、费用调整，应事前汇报、先批后建。进行技术经济比选分析，在确保安全质量前提下，力求经济最优。

三是过程精准、确保质量。精准定位主要风险，主动采取风险防控措施，及时解决现场造价争议问题。隐蔽工程、特殊工程、不可追溯的工作内容等，应留有记录资料，实现"过程控制、过程解决"。

四是专业协同、统筹推进。基建计划、安全、质量、技术、技经等各专业应分工明确、有机结合、统筹协同、目标一致，工程资料记录清晰规范，可追溯。

1.2　现场造价管理工作目标

现场三个项目部应以合同为基准，以施工图预算为控制主线，按照"预算不超概算、结算不超预算"原则，结合现场实际工程量，实现"量、价、费"合理规范。工作目标包括：现场造价标准化管理实施率100%。依照造价管理目标，制定管理措施，常态开展现场管控，配备合格造价人员，实现造价过程管控；"三量"核查一致率100%。落实设计量、施工量、结算量的一致性检查，实现工程造价精准零误差；变更签证规范管理实施率100%。履行事前审批机制，执行线上编审批流程，规范设计变更与现场签证管理；分部结算实施率100%。编制过程结算计划，实施电子化结算管理模式，助推分部结算向过程结算转变，提高结算工作效率；造价资料规范管理实施率100%。坚持"统一合规依据"原则，利用电子化结算平台，实施资料过程化收集，做到造价资料及时、完整、规范。

1.3　现场造价管理管控重点

1.3.1　三个项目部严格按照合同及相关规定配置现场造价管理人员。现场造价管理人员做到落实职责、强化合同、服务工程，规范造价，胜任现场造价管理工作。

1.3.2　工程款支付审核应首先考虑农民工工资发放是否按月足额发放到位。未严格执行工程款支付规定的工程，由建管单位直接拨付拖欠农民工工资，并考核相关单位。

1.3.3　输变电工程预算较概算结余控制在 5% 以内，结算较预算结余控制在 5% 以内，确保实现双合理区间造价指标。

1.3.4　项目部及时开展设计量、施工量、结算量的"三量"核查管理，确保每个分部分项工程按图实施、按图结算，实现工程量管理"零误差"。

1.3.5　工程所有新增设计变更、现场签证事项必须执行事前汇报机制，均采用技经感知 App 线上及时办理，先实施后审批变更签证不计入结算；工程竣工后杜绝会签任何变更签证。

1.3.6　强化责任管理，建管单位按季开展现场造价管理评价，监督现场各参建单位主体责任落实，指导、评价现场造价管理实施情况。

现场造价管理职责分工

落实现场造价主体责任，强化开工前、过程管理、竣工结算等各环节造价管控，进一步明确工程建设各阶段前后管理责任界面划分与工作质量要求，实现职责明确、界面清晰。

2.1　各单位造价管理职责

2.1.1　项目法人单位建设部

2.1.1.1　负责制定输变电工程现场造价相关管理办法。

2.1.1.2　负责业主项目部造价管理人员配置备案工作。

2.1.1.3　负责定期组织开展造价管理人员的取证培训工作。

2.1.1.4　负责下达过程结算计划；负责审批重大设计变更和重大签证；负责审批工程（分部）结算成果。

2.1.1.5　负责对造价标准化管理执行工作进行监督、指导和考核。

2.1.2　建设管理单位

2.1.2.1　负责所辖输变电工程现场造价统筹管理。

2.1.2.2　负责业主项目部造价管理人员配置审批工作。

2.1.2.3　负责监督现场各参建主体责任落实；负责制定本单位造价管理目标。

2.1.2.4　负责组织现场技经交底工作；负责所辖工程的设计变更与现场签证管理；负责审核建设场地征用及清理赔偿费用的完整性、规范性；负责组织开展过程化结算审核工作。

2.1.2.5　负责指导、评价现场造价管理实施情况，对工程现场造价管理情况定期开展抽查。

2.1.3　业主项目部

2.1.3.1　负责组织落实现场造价管理要求，审核设计、监理和施工项目部报送的过程造价资料。

2.1.3.2　负责组织第一次工地例会，开展现场技经交底和相关造价资料归集工作。

2.1.3.3　负责设计变更与现场签证的现场管理，根据规定程序与权限报批。

2.1.3.4　负责及时开展"三量"核查、确认完工工程量和工程款，审核农民工工资支付管理相关资料。

2.1.3.5　按照"先签后建"模式对赔偿工程量进行现场核实；负责建设场地征用及清理赔偿费用的审核和监督落实工作，确保"量真价实"。

2.1.3.6　负责组织参建单位提交过程化结算书及工程结算资

料，预审并上报相关资料。

2.1.3.7 负责完成本工程款项支付工作；负责工程造价管理目标的落实，并编写工程造价管理总结，配合造价分析工作。

2.1.4 监理项目部

2.1.4.1 负责现场造价管理的监督协调，推动现场造价标准化建设。

2.1.4.2 接受造价管理现场交底；对工程建设过程所有工作内容和工程量进行确认，负责工程款、安全文明施工费用报审、农民工工资报审、参与"三量"核查，完工工程量审核，配合过程结算；负责开展隐蔽工程管理；负责临时措施和索赔事项的现场工作记录。

2.1.4.3 负责按照"先签后建"模式，对赔偿工程量进行现场核实，并对赔偿费用审核确认。

2.1.4.4 负责按程序处理索赔，协调解决造价争议；配合业主项目部完成结算工程量初步审核和相关造价资料归集。

2.1.5 设计单位

2.1.5.1 负责设计变更编制、现场签证确认、现场设计服务。

2.1.5.2 配合建设管理单位及时协调解决设计技术问题，配合结算工作，负责编写工程造价管理总结；负责相关造价资料归集。

2.1.6 施工项目部

2.1.6.1 落实施工项目部现场造价管理职责，接受造价管理现场交底并落实。

2.1.6.2 报审工程资金使用计划，编制工程进度款支付申请和月度用款计划，按规定向业主和监理项目部报审。

2.1.6.3 编制《农民工实名制工资信息申报表》报监理项目部审核，设置农民工维权信息告示牌，监督专业（劳务）分包人与农民工签订劳务合同，负责《农民工工资支付表》收集、审核工作。

2.1.6.4 负责工程设计变更费用核实，负责工程现场签证费用的编制，并按规定向业主和监理项目部报审与执行；完工工程量与过程化结算、竣工结算编制。

2.1.6.5 负责编写工程造价管理总结，收集、整理工程实施过程中造价管理工作有关基础资料；配合工程造价管理监督检查、审计以及财务稽核工作。

2.1.7 造价咨询单位

2.1.7.1 提供现场造价服务，支撑现场造价管理工作；

2.1.7.2 参与开工前业主项目部组织的现场踏勘，确实建场费赔偿实际情况；

2.1.7.3 参与工程量核实、"三量"核实检查、变更签证确认、解决现场造价争议问题，支撑建管单位完成过程结算和竣工结算审核工作。

2.2 现场造价管理体系人员配置

强化管控重点、造价合理目标，按照相关专业协同、统筹推进思路，落实各单位现场造价管理责任。

业主、监理、施工项目部应按照工程规模配置现场造价管理人员，应满足以下要求：

（1）建设管理单位建设管理部门技经专业管理人员不得兼任业主项目部现场造价管理人员。

（2）业主项目部现场造价管理人员应为技经专职人员，不得兼任业主项目部其他专业工作。各项目管理中心按照所辖项目部工作需求配置中心造价人员。

（3）500kV及以上工程输变电工程业主项目部必须配置一名现场造价管理人员，该人员不得兼任其他工程造价管理。

（4）各地区监理项目部应至少配置1名专职造价管理人员。

（5）经建设管理单位同意，220kV及以下工程施工项目部造价人员最多可兼任5个建设工程。

1）现场造价人员应持证上岗，满足懂造价、懂现场、熟悉合同管理等要求，胜任现场造价管理工作要求。

2）如各相关单位（含建管单位、项目管理中心、监理项目部、施工项目部）未按要求设置造价管理人员，或所确定的造价人员未取得造价从业合格证书，均视为未设置现场造价管理人员。

3）组建方式与要求：依照《国家电网公司××项目部标准化管理手册》（2021年版）要求，各项目部按时成立三个项目部，明确现场造价管理人员。建设管理单位负责监督业主、监理、施工三个项目部造价管理人员配置及到岗情况。

4）建设管理单位对各项目部专（兼）职现场造价管理人员进行专项能力培训、测试和评价，持续提高现场造价管理人员水平。

2.3 现场造价人员职责分工

建管单位技经专责职责如图 2-1 所示。

图 2-1 建管单位技经专责职责

建设管理单位技经专责

业主项目经理职责如图 2-2 所示。

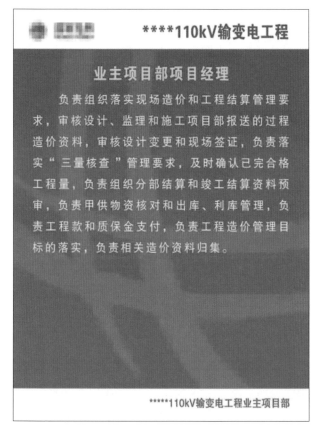

＊＊＊＊110kV输变电工程

业主项目部项目经理

负责组织落实现场造价和工程结算管理要求，审核设计、监理和施工项目部报送的过程造价资料，审核设计变更和现场签证，负责落实"三量核查"管理要求，及时确认已完合格工程量，负责组织分部结算和竣工结算资料预审，负责甲供物资核对和出库、利库管理，负责工程款和质保金支付，负责工程造价管理目标的落实，负责相关造价资料归集。

＊＊＊＊＊110kV输变电工程业主项目部

图 2-2 业主项目经理职责

业主项目部项目经理

现场造价管理职责如图 2-3 所示。

＊＊＊＊110kV输变电工程

业主项目部现场造价管理

负责工程建设过程中的造价管理与控制工作；接受建设管理单位造价管理现场交底和组织业主项目部对设计单位、监理项目部和施工项目部造价管理现场交底；参与初步设计、施工图设计、工程量清单审查；审核农民工工资支付管理资料，审核工程费用支付申请，完成费用入账、支付；审核设计变更、现场签证工程量和费用，根据规定程序与权限报批。负责落实分部结算、竣工结算管理要求，组织参建单位提交工程分部结算、竣工结算资料，预审并上报结算。

＊＊＊＊＊110kV输变电工程业主项目部

图 2-3 现场造价管理职责

业主项目部现场造价管理

监理项目部职责如图 2-4 所示。

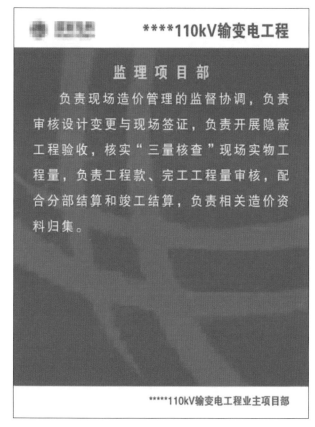

****110kV输变电工程

监 理 项 目 部

负责现场造价管理的监督协调，负责审核设计变更与现场签证，负责开展隐蔽工程验收，核实"三量核查"现场实物工程量，负责工程款、完工工程量审核，配合分部结算和竣工结算，负责相关造价资料归集。

*****110kV输变电工程业主项目部

图 2-4　监理项目部职责

监理项目部

设计单位职责如图 2-5 所示。

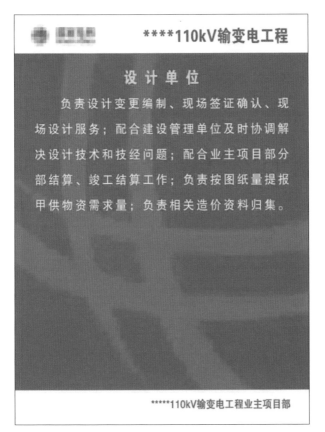

图 2-5　设计单位职责

施工项目部职责如图 2-6 所示。

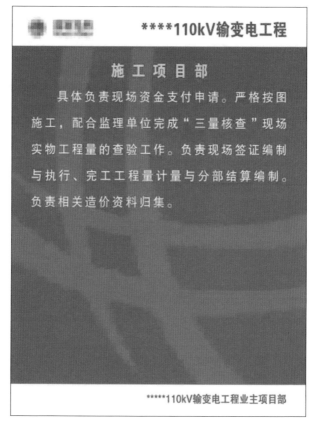

图 2-6　施工项目部职责

施工项目部

施工单位现场造价管理职责如图 2-7 所示。

****110kV输变电工程

施工项目部现场造价管理

负责工程设计变更费用核实，负责工程现场签证费用计算，按规定及时向监理和业主项目部报审；及时做好工程已完工程量的计算，参与现场"三量"核查工作；编制工程预付款和进度款支付申请，按规定向监理和业主项目部报审；负责月度农民工工资支付表收集、审核工作，按规定向监理和业主项目部报审；依据工程建设合同和已完工程量编制工程分部结算和竣工结算文件；负责收集、整理工程实施过程中造价管理有关基础资料。

*****110kV输变电工程业主项目部

图 2-7　施工单位现场造价管理职责

施工项目部现场造价管理

造价咨询单位职责如图 2-8 所示。

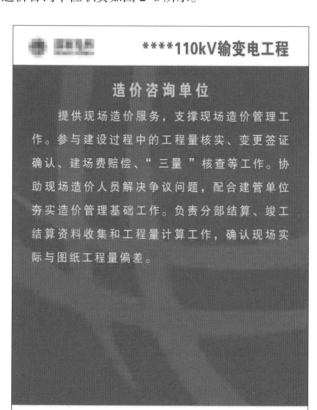

图 2-8 造价咨询单位职责

造价咨询单位

造价过程管控 3

造价过程管控是指在统一目标、各负其责的原则下，为确保工程建设的经济效益和各方经济权益而对工程造价进行的全过程、全方位符合合同约定和管理制度的全部业务行为和活动。内容包括技经交底、造价文件移交和费用系统上传相关内容、工程款支付、农民工工资支付、建设场地征用及清理费审校、设计变更现场签证核实、现场工程量核实、甲供物资核对、其他费用管理、工程结算等方面。

3.1　现场标准化配置

管理要求：工程现场应设置造价管理专用橱柜，由现场造价管理专责收集工程造价相关资料，包含但不限于预付款、进度款审批手续，建场费赔付资料（自主赔偿部分），隐蔽工程验收记录，设计变更和现场签证资料、工程考核单和工程结算相关资料。

3.1.1　制定造价管理目标

策划阶段，业主项目部依据国家电网公司造价管控"五个100%"（现场造价标准化管理实施率100%；"三量"核查一致率100%；变更签证规范率100%；分部结算实施率100%；造价资料规范率100%）造价管理目标和现场造价管控重点要求，制定针对性工程造价控制目标和管理措施，并纳入建设管理纲要，经建设管理单位审批后下发至各参建单位。

3.1.2　现场图牌制作标准

业主项目部办公室应在工程开工前将技经管理图牌设置上墙。图牌采用纸塑 KT 板制作，底色采用国网绿（C100 M5 Y50 K40），标题栏采用黄色大黑体，内容采用白色黑体字，所有图牌设置同一高度（1.5m），图牌内容应编制针对本工程造价管控措施和要求，包括造价管理原则、管理目标、现场造价管控要点、农民工维权告知牌。农民工维权告知牌采用 90cm×120cm 尺寸纸塑 KT 板制作，底色采用国网绿（C100 M5 Y50 K40），标题栏采用黄色大黑体，内容采用白色黑体字，安装在变电站进门醒目位置。农民工维权告知牌费用由施工承包方负责。

实例如图 3-1 和图 3-2 所示。

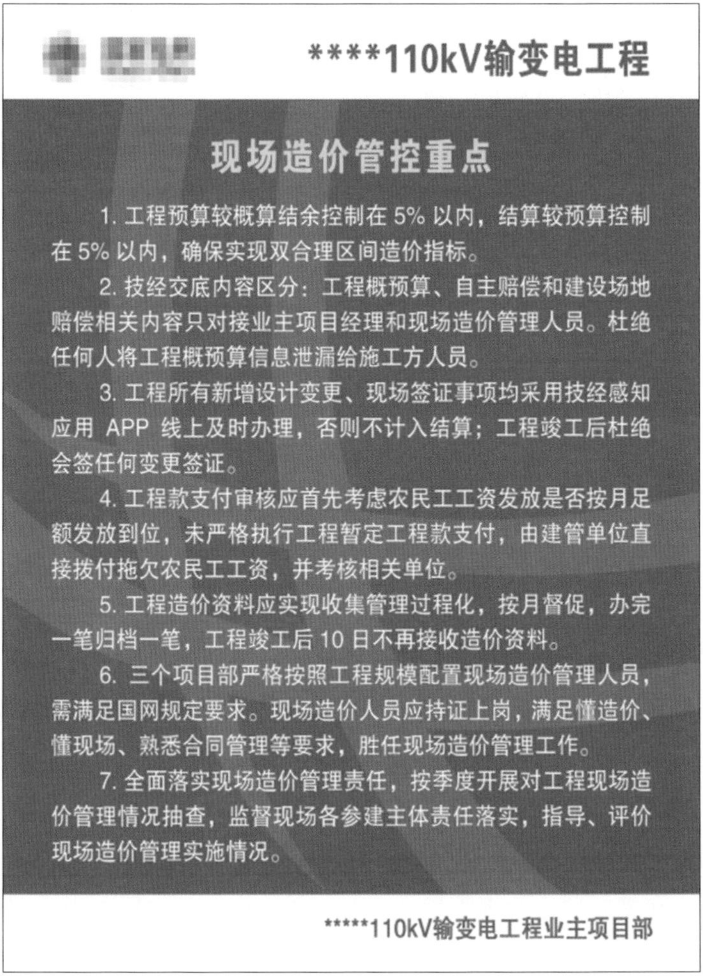

****110kV输变电工程

现场造价管控重点

1. 工程预算较概算结余控制在 5% 以内，结算较预算控制在 5% 以内，确保实现双合理区间造价指标。

2. 技经交底内容区分：工程概预算、自主赔偿和建设场地赔偿相关内容只对接业主项目经理和现场造价管理人员。杜绝任何人将工程概预算信息泄漏给施工方人员。

3. 工程所有新增设计变更、现场签证事项均采用技经感知应用 APP 线上及时办理，否则不计入结算；工程竣工后杜绝会签任何变更签证。

4. 工程款支付审核应首先考虑农民工工资发放是否按月足额发放到位，未严格执行工程暂定工程款支付，由建管单位直接拨付拖欠农民工工资，并考核相关单位。

5. 工程造价资料应实现收集管理过程化，按月督促，办完一笔归档一笔，工程竣工后 10 日不再接收造价资料。

6. 三个项目部严格按照工程规模配置现场造价管理人员，需满足国网规定要求。现场造价人员应持证上岗，满足懂造价、懂现场、熟悉合同管理等要求，胜任现场造价管理工作。

7. 全面落实现场造价管理责任，按季度开展对工程现场造价管理情况抽查，监督现场各参建主体责任落实，指导、评价现场造价管理实施情况。

*****110kV输变电工程业主项目部

图 3-1 技经管理图牌

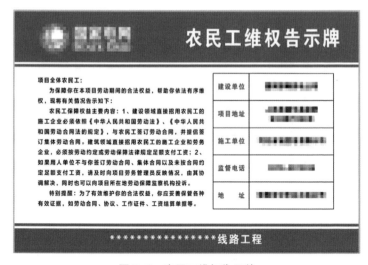

图 3-2　农民工维权告示牌

3.1.3　项目部组建方式与要求

项目管理中心按规定在可研工作启动前成立业主项目部，要求参与初步设计现场踏勘、内审、评审、施工图设计审查、招标文件审查等工程前期过程审查。合同签订后，监理单位、施工单位按照《国家电网公司 ×× 项目部标准化管理手册》（2021 年版）配置标准，报业主项目部送项目部现场造价管理人员，建制必须与合同组织机构人员保持一致。

在编制项目管理策划文件时，《建设管理纲要》中应明确工程造价管理目标和针对本工程管控重点措施，《监理规划》中应明确造价控制工作目标和结合工程实际的监理管控措施。施工单位在《项目管理实施规划》明确执行《建设管理纲要》相应条款，按照合同落实设计内容，制定适用于本工程的实施方案。建设管理单位负责监督现场三个项目部造价管理人员配备及履职情况。

3.2 造价专业技经交底

业主项目经理主持第一次工地例会，建设管理单位技经专责组织现场造价管理对各参建单位开展技经交底工作，参加人员应包含：业主项目经理和现场造价人员、监理项目部、施工项目经理和现场造价人员、设计单位设总和造价咨询单位全过程咨询人员。

交底内容包括现场造价管理目标、合同管理、费用计列和使用、现场资金管理、设计变更与现场签证、工程量管理、过程化结算、竣工结算、造价资料归档等，执行《输变电工程现场造价管理交底标准化手册》要求，并依照工程建设特点进行针对性交底。工地例会由监理单位负责记录，会议纪要由业主项目部确认后归档。

3.2.1 工作内容及流程

业主项目经理

1. 开工前 15 日，组织召开第一次工地例会，协调各参建单位参加技经交底。

2. 针对合同工期、合同范围、隐蔽工程核实、"三量"核查、建场费赔付、结算资料收集等进行交底。

3. 在每次工地例会上提及方案发生改变，必须同步讨论费用处理原则，并将内容落实进会议纪要。

技经专责

1. 参加第一次工地例会，在例会上进行专项技经交底。
2. 交底造价相关文件讲解，农民工工资支付、分部结算、工程结算、工程造价管理成效监督检查等事项。

现场造价管理

1. 负责针对本工程造价管理目标制定造价管控措施并宣贯。
2. 对本工程合同专项条款、工程量清单、发包人采购材料范围、投标人采购材料范围进行解读。明确变更签证、工程款支付、农民工工资发放、暂估价与暂列金额、结算（分部）资料提交等相关要求。
3. 每月下旬按要求参加一次工地例会，及时传达上级文件精神，解决本工程中存在的问题，查看现场存在的造价风险（如：现场接地网断面尺寸是否与报价一致），核查审批设计变更、现场签证等造价文件。

监理项目部

1. 接受技经交底内容，汇报监理项目部配置与合同组成文件是否一致；汇报监理合同条款违约、承包范围内容。
2. 做好每次工地例会关于造价相关内容会议纪要，需整改、完善内容 5 日内回复整改结果。

设计人员

1. 按要求参加每月下旬工地例会，配合现场造价管理人员解决本月发生的相关造价问题。

2. 工程开工后第一次工地例会，对本工程施工图与投标报价偏差部分、项目特征等内容进行交底。

3. 配合项目部及时协调解决设计技术问题，配合结算工作的承诺。

施工项目经理

1. 落实技经交底要求，汇报施工项目部配置与合同组成文件是否一致，项目部造价标准化配置是否到位；展示劳务分包合同和农民工工资发放承诺，实现农民工维权标识牌上墙。

2. 履行对合同条款承诺，隐蔽工程、特殊赔偿、"三量"核查等工作须经监理见证确认后，开展下一道工序。

3. 每周例会上汇报需协调解决造价相关问题，按要求5日内完成会议要求整改内容。

施工项目部造价人员

1. 协助项目经理对合同及投标报价约定、工程款申请、设计变更洽商、现场签证申请、建场费赔付、结算（分部）工程资料报审等按合同约定进行报审。

2. 参加每月下旬工地例会，配合项目经理在会议纪要约定时间范围内完成造价管理问题整改。

造价咨询单位

1. 汇报机构配置情况，是否满足现场全过程造价咨询需求。提供符合本现场造价服务的指导意见和解决问题的基本思路。

2. 按要求参加每月下旬工地例会，配合建管单位解决现场造价相关问题，对工程造价进行总体分析，向业主提供专业建议。

3. 参与隐蔽工程、特殊赔偿、"三量"核查等工作现场见证，确认实际工程量。

技经交底流程图如图 3-3 所示。

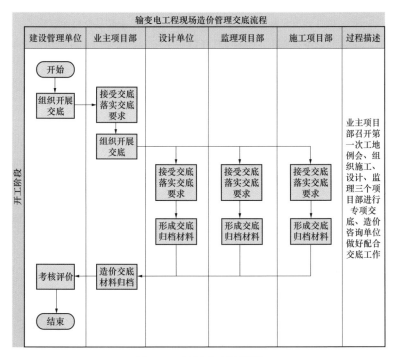

图 3-3 技经交底流程图

3.2.2 管控要点

3.2.2.1 施工、监理三个项目部和设计单位、造价咨询单位现场造价人员职责,将职责清晰化,可协同配合但不能相互替代。

3.2.2.2 现场造价管理人员根据项目经理安排,每月下旬参加一次工地例会,对例会上提出的方案变化,同步提出造价方面的问题及解决原则,会议纪要中体现工程造价专业相关工作。

3.2.2.3 工程建设过程就是合同履约过程,强调各项目部应以合同为基准,遇到争议问题或现场环境发生变化,业主项目部或监理项目部应组织专题会议进行协调,根据问题重大情况由建设管理单位及时向省级公司沟通汇报解决。

3.2.2.4 重点对合同内施工范围、(招)投标人采购材料范围、价格调整约定、计量与支付、履约要求及违约责任等内容进行解读,确保各方现场人员充分理解合同造价有关条文。

3.2.2.5 技经交底分步进行,对业主项目部交底内容应前移在工程开工前,概预算、自主赔偿和建设场地赔偿相关内容只对接业主项目经理和现场造价管理人员。

3.2.3 案例参考

×××110kV变电站开工前进行专项技经交底,通过交底让业主项目部和监理单位了解到发包方与承包方责任范围,如承包方压坏水管或道路,不需要出具现场签证,避免因责任认定不清出具现场签证。

3.3 现场造价文件归档

3.3.1 工作内容及流程

现场造价资料遵循"谁形成、谁负责"原则，三个项目部分专业认真做好工程资料的整理工作，业主项目部作为现场管理机构，应具备统筹协调作用，将相关单位合同文件、施工投标报价、设计变更、现场签证、进度款、农民工工资发放、甲供物资等资料统一收集汇总，并编制资料存放清单。监理项目部配合完成造价管理文件归档备案。

3.3.1.1 设计相关资料（见表 3-1）：施工图设计文件；设计招投标文件、合同、中标通知书。

表 3-1 设计单位收资表

序号	资料收集内容	资料名称	备注
1		设计招投标文件	
2	设计相关资料	合同、中标通知书	签字盖章版
3		招标量与施工图差对比表	

3.3.1.2 施工相关资料（见表 3-2）：施工项目部组建文件、经审批《项目管理实施规划》、施工招投标文件、报价、合同、中标通知书。

表 3-2 施工单位收资表

序号	资料收集内容	资料名称	备注
1	施工相关资料	施工项目部组建文件	与招标文件一致
2		经审批《项目管理实施规划》	
3		施工招投标文件	
4		施工投标报价	
5		合同、中标通知书	签字盖章版

3.3.1.3 监理相关资料（见表 3-3）：监理项目部组建文件、监理招投标文件、合同、中标通知书。

表 3-3 监理单位收资表

序号	资料收集内容	移交资料名称	备注
1	监理相关资料	监理项目部组建文件	与招标文件一致
2		监理招投标文件	
3		合同、中标通知书	签字盖章版

3.3.1.4 业主项目部自备资料（见表 3-4）：业主项目部组建文件、审批完成的《建设管理纲要》、周例会材料、过程造价相关文件等成果资料。

表 3-4 业主项目部收资表

序号	资料收集内容	资料名称	备注
1	业主项目部自备资料	业主项目部组建文件	批复文件
2		项目部管理相关文件、规定	
3		周例会等过程造价资料	

3.3.2 管控要点

3.3.2.1 造价管理文件、征地手续文件、合同文件可以为复印件或扫描件，其他文件应为原件保存。

3.3.2.2 农民工工资支付审批文件、疫情签证等特殊文件应单独成册，独立保存。

3.4 系统信息数据管理

工程划分后 2 日内，现场造价专责在《基建全过程综合数字化管理平台》填报估算。初步设计批复后 5 日内，现场造价专责在《基建全过程综合数字化管理平台》填报工程信息、上传概算。施工图文件评审报告下达后 5 日内，现场造价专责在《基建全过程综合数字化管理平台》填报工程信息，上传建安工程施工图预算。全口径施工图预算评审报告下达后 5 日内，现场造价专责在《基建全过程综合数字化管理平台》完善工程信息，上传全口径施工图预算。省公司完成结算审批 5 日内，现场造价专责在《基建全过程综合数字化管理平台》完善工程信息，上传全口径竣工结算。

注意事项

数据填报涉及省公司指标，严格按规定时间执行。

3.5 工程款支付管理

工程款支付是指依据合同约定进行工程预付款、工程进度款、工程竣工价款支付管理的活动。工程款支付应遵循"谁签订、谁负责"原则，工程价款支付应严格执行合同约定。

3.5.1 工作内容及流程

施工项目部

1. 预付款支付：施工合同签订后一个月内或开工前7天，编制安全文明施工费使用计划和工程预付款报审表报监理项目部审核。
2. 工程进度款支付：按照现场实际已完工程量，每月10日前编制《工程进度款报审表》报监理单位审核；《工程进度款报审表》审批完成后，15日前附带发票报业主项目部。

监理项目部

1. 收到施工项目部预付款、进度付款申请单以及相应的支持性证明文件后的2日内完成审核，签署意见后报送业主项目部。
2. 监理项目部有权扣发施工项目部未能按照合同要求履行任何工作或义务的相应金额。

现场造价管理

    1. 负责审核监理项目部核查过的项目安全文明施工费使用计划和预付款、进度款审批表，每月 13 日前移交业主项目部经理。

    2. 每月 20 日前完成费用支付表审批和订单录入。每月 25 日前完成上月费用支付和下月预算提报。

业主项目经理

    收到现场造价人员审核后的项目安全文明施工费使用计划和预付款、进度款审批表后，当日内完成审核批准。

3.5.2 管控要点

⚠️ **特别提醒**

工程预付款比例原则上不低于合同金额（扣除暂列金额）的 10%，不高于合同金额（扣除暂列金额）的 30%。

质量保证金金额为合同结算价格的 3%，可采用质量保证金保函或现金保证金形式。

质量保证金支付由业主项目部负责。满足支付条件工程，由业主项目部发起申请，经运维单位确认后报建管单位审核，财务办理支付手续。不满足条件工程，需向建管单位提交不能支付说明。

3.6 农民工工资支付管理

贯彻落实党中央、国务院、国家电网公司关于保障农民工工资工作要求，推行农民工工资代发制度，保证农民工工资及时足额支付，杜绝拖欠农民工工资影响公司形象事件发生。

3.6.1 工作内容及流程

施工项目经理

1. 负责通知分包单位编制《农民工实名制工资信息报审表》，在工程开工前7日内完成审核。

2. 在开展专业分包时，督促分包单位随比选资料同步提交《分包单位保障农名工工资支付承诺书》。

3. 每月5日前，分包单位按工程编制《"e安全"外人员工资支付审批单》报监理审核。

4. 每月10日前，审核完成分包单位编制的《农民工工资支付表》并报监理项目部审核。

5. 根据审批后的工资支付表，每月15日前通过专用账户将工资直接支付到农民工本人银行账户。

6. 每月20日前，施工单位完成工资代付后，在《农民工工资支付表》填写转账日期及凭证信息。

监理项目部

1. 开工前负责审核分包单位编制的《农民工实名制工资信息报审表》。

2. 开工后负责审核现场作业人员、《农民工实名制工资信息报审表》与国网"e安全"等系统人员信息一致性。人员信息不一致的,督促总包单位完成e安全外人员工资支付信息报审。

3. 每月收到施工单位编制的《e安全外人员工资支付审批单》后,依据现场实际情况,当日完成"e安全"外人员工资支付信息审核。

4. 每月收到施工单位编制的《农民工工资支付表》后,当日完成《农民工工资支付表》的审核。

业主项目经理

1. 收到《e安全外人员工资支付审批单》后,当日完成"e安全"外人员工资支付信息审核。

2. 收到《农民工工资支付表》后,当日完成《农民工工资支付表》的审批。

现场造价管理

《农民工工资支付表》审批后,次月25日前将人工费用及时足额拨付至农民工工资专用账户。

技经专责

每季度负责对施工单位农民工工资实名制支付情况进行监督、检查,确保依法依规、按时足额支付。

图 3-4 所示为农民工工资发放流程图。

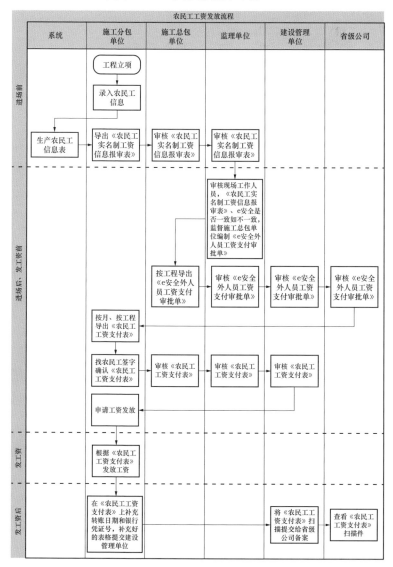

图 3-4 农民工工资发放流程图

3.6.2 管控要点

 特别提醒

3.6.2.1 工程开工前，施工单位必须开设农民工工资专用账户，专项用于支付该工程建设项目农民工工资。

3.6.2.2 施工单位根据审批后的工资支付表，通过专用账户直接将工资支付到农民工本人的银行账户，不得以实物或者有价证券等其他形式替代。

3.6.2.3 支付表应依据现场实际情况，逐一审核确认工资支付信息、"e 安全"人员信息、"e 安全"外人员工资支付审批信息；未履行审批手续的"e 安全"外人员工资原则上不予支付。

3.6.2.4 施工单位与分包单位依法订立的分包合同中，应当约定工程款计量周期、工程款进度结算办法以及农民工工资支付流程、规定等内容。

3.6.2.5 施工单位完成工资支付后，向分包单位提供代发工资银行转账凭证复印件，原件作为财务凭证附件由施工单位存档保存，以备工作追溯。施工单位应当按照工资支付周期编制书面工资支付台账，并至少保存 3 年。

3.6.2.6 工程竣工、农民工退场后 30 日内，施工单位应通过农民工工资专用账户完成本工程所有农民工工资发放。

3.6.2.7 建设管理单位按照合同条款对施工总承包单位相应的违约行为进行处理，将施工总承包单位农民工工资支付情况纳入不良供应商评价，作为供应商不良行为管理与相关建设队伍选择业务挂钩。

3.6.2.8　要求将农民工工资支付的相关要求纳入分包合同条款。由施工单位对分包单位出现农民工工资支付不准确、不及时采取相应评价，纳入分包比选招标评价。

3.6.3　案例参考

×××220kV变电站工程，业主项目部每月统一开展农民工工资支付审核工作，组织施工、监理依据现场实际情况，对"e安全"人员信息、《农民工工资支付表》信息逐一核对，完成农民工工资支付审批，确保农民工工资及时足额支付。

3.7　建设场地征用及清理赔偿费管理

3.7.1　工作内容及流程

3.7.1.1　现场造价管理

参加现场踏勘，配合设计单位核实现场与施工图预算比对分析，预算计列范围内可开始实施，超范围事项必须履行提前汇报机制。由现场造价人员编制汇报说明，经工地例会协商，由项目经理签字后报建设管理单位，经同意后开展现场赔付工作。参与现场赔付工作，对赔付资料的完整、规范性进行审查，办理支付审核手续。

3.7.1.2　监理项目部

参加现场踏勘和赔付工作，见证全过程赔付事项，对赔付事件的真实性、规范性负责。监理单位应配合现场造价管理同步审核建场费赔付资料，并提出相应建议或意见。

3.7.1.3 属地公司

作为建场费赔付具体实施对象，赔偿应根据补偿协议内容所依据的相关政府文件进行赔付工作，及时在政府部门主导下进行沟通协调，对于超出赔偿标准的，原则上应取得县级及以上人民政府提供的价格确认材料，同时要求当地政府提供费用补偿明细。表 3-5 所示为赔付工作明细表。

表 3-5　赔付工作明细表

工作流程	时间	组织人员	参与人员	工作内容
1. 现场踏勘	在单项工程开工前 10 日内	业主项目经理	属地公司现场造价监理设计造价咨询	明确沿途路径上自主赔偿项目清单与工程计列是否一致
2. 超范围事项	周例会或专题会议			对超范围事项进行复核并上报
3. 签署合同	经建设部批复后 15 日内			谈判并签署合同（或委托属地公司实施），并以此作为工程建场费结算的依据

3.7.2　建场费资料要求

支撑依据资料完整、真实、规范、有效，包含：协议、正式发票或收据、转账凭证、身份证、权属证明、影像资料、评估报告、会议纪要、谈判记录等；入账完成后 5 日内将赔付整套资料归档备案。

涉及个人赔偿，必须提供对应线路的位置（哪档线之间）、乡村名称、个人姓名及身份证复印件、联系方式、银行转账凭条等。其中宅基地赔偿，还应提供宅基地地契复印件；树木砍伐、大棚、机井、建（构）筑物等，还应提供有明显参照物的砍伐或拆除前后影像资料。

涉及单位（企业）赔偿，应提供对应线路的位置（哪档线之间）、被赔偿单位（企业）的营业执照、产权证明等复印件、被赔偿单位开具的收款发票或收据、联系方式、银行转账凭条、有明显参照物的赔偿前的影像资料和赔偿后的影像资料。

涉及政府赔偿，应提供与政府间赔偿协议，赔偿协议内含赔偿明细、（收据）、有明显参照物的赔偿前的影像资料和赔偿后的影像资料。

所有赔偿协议必须执行"××赔偿协议范本"（详见附件）要求，与受偿单位（或个人）签订各项赔偿协议。

3.7.3 管控要点

 **特别提醒**

（1）发包方负责赔付范围内事项，由项目经理组织相关人员进行现场踏勘，明确工程建场费赔付数量、规格、金额，优先采用资产评估方式确定。

（2）赔付工作应积极主动办理，及时取得相关手续和票据（复印件）移交项目部归档，办理仅限于工程实施期间。

3.8 现场工程量管理

现场工程量管理分为施工工程量管理和隐蔽工程理，主要对工程施工现场进行监督、确认，确保现场工程量与施工图保持一致，对特殊环节工程量进行重点把控，如变电站建筑工程应重点确认土石方、桩基、护坡、挡土墙等工程量，变电站安装工程应对接地、特殊调试等进行见证，线路工程应重点确认基坑、护壁、临时（永久）围堰等工程量。

施工工程量管理：业主项目部按照《重点风险工程量确认表》对重点风险部位落实现场工程量监督、确认，切实起到现场造价管理作用。及时组织相关单位，对已完成工程量开展确认工作。

隐蔽工程管理：隐蔽工程在下一道工序开工前须进行验收，监理项目部通过旁站、巡视、见证、平行检验等方式开展隐蔽工程验收，为工程量计量提供详实资料。

"三量"核查管理：开工准备阶段设计单位提供全口径施工图审查后施工图作为设计工程量；项目开工前施工单位完成"三量"核查计划表编制工作；实施阶段监理项目部按照计划表结合工程实际进度，及时组织设计、施工、造价咨询等单位开展设计量、施工量、结算量"三量"核查，确保"三量"一致、量准价实；"三量"核查表经业主项目部确认后，将审核后的"三量"核查表及相应佐证资料报建管单位备案，作为工程竣工结算（或分部结算）的重要依据。

审核单位在工程结算审核时，应进行现场复核。根据复核现场结果，对合同违约单位依照合同条款进行考核。

3.8.1　工作内容及流程

设计人员

　　1. 全口径预算审查完成后,梳理与工程量清单不一致的内容,按程序履行一般(重大)设计变更审批流程。

　　2. 施工图会检后 7 日内,设计单位根据会检结果,形成量差分析表,3 日内报业主项目部。

　　3. 参与监理项目部组织的现场"三量"核查,依据业主项目部确定"三量"核查结果出具设计变更。

施工项目部造价人员

　　1. 参与隐蔽工程量和特殊工程量现场核查,对"三量"核查进行确认,3 日内报业主项目部审查。

　　2. 确定已完工程量 2 日内申报工程量验收,依照确认工程量差修正工程结算。

施工项目经理

　　1. 工程开工 7 日前,编制"三量"核查计划表,报监理单位审核,建管单位审批。

　　2. 完成隐蔽工程或特殊工程工作 2 日内,通知监理单位开展工序验收放行检查。

　　3. 工程完工 5 日内,上报工程已完分部工程量验收,发现图纸与现场实施条件出现偏差应及时汇报现场监理。

监理项目部

1. 收到提交申请 2 日内，开展隐蔽工程和特殊工程量验收核实，并在《重点风险工程量确认表》中记录。

2. 隐蔽工程隐蔽前、特殊工程开展下一道工序前和措施项目完毕后 2 日内，组织业主、设计、施工、造价咨询单位开展现场"三量"核查，并编制"三量"核查确认表报业主项目部审核。

3. 依据审核结果，3 日内完成《设计变更联系单》编制和移交设计单位。

业主项目部

1. 参加现场工程量"三量"核查的审核、确认工作，通过现场踏勘对已完工程量对施工图量、投标报价量进行核实，10 日内完成结算工程量确认。

2. 审核施工单位上报修正量差结算，审查内容包含结算数据准确性和支撑材料完整性、规范性。

3. 督促相关单位在 7 日内完成"三量"核查工程量偏差变更会签流程。

造价咨询单位

1. 组织开展重点工程量现场监督，重点风险部位落实现场工程量监督、确认，切实起到现场造价管理作用，组织编制《重点风险工程量确认表》。

2. 参与现场"三量"核查，2 日内完成业主项目部提交"三量"核查确认表审核，出具审核结果。

3.8.2 管控要点

3.8.2.1 输变电工程阶段性完工后，要求施工项目部应在规定时间内申报验收，监理项目部应及时组织现场验收，核定已完工程量，做到"工完量清"。

3.8.2.2 施工项目部实际完成的隐蔽工程量应以隐蔽工程验收记录上记载的工程量为准。监理人应及时组织已完隐蔽工程的检查验收，做好验收记录，施工项目部应配合监理人对隐蔽工程进行验收，为工程量计量提供详实资料。

3.8.2.3 施工单位申报验收后，监理单位应及时组织现场验收，核定已完工程量，施工过程中通过旁站、巡视、见证、平行检验等方式开展隐蔽工程管理，对于拆除、余土外运、场地降水排水、填土垫道等难以查实或不可追溯的临时措施工作内容，做好过程记录，留下影像资料。

3.8.2.4 建立"设计量、施工量、结算量"的检查和惩罚性考核机制。在结算书编制和审核阶段对现场施工量进行检查，对施工量少于设计量的，由监理单位督促施工单位予以保修，并按施工量和设计量差异的双倍费用同时对施工单位和监理单位进行惩罚性考核；对施工量超出设计量的部分一律不予认可。如施工单位认为设计有误，应按规定程序及时提出，由设计单位出具设计变更和现场签证后执行。

3.8.3 案例参考

×××220kV变电站工程开展零米以下隐蔽工程工程量确认工作，组织施工、设计、监理对工程零米以下完工工程量开展统计工作，将统计结果及时提交造价咨询单位审核，为后续开展分部结算实时化奠定基础。

××—××220kV线路工程基础垫层进行隐蔽工程确认，在复核设计单位地勘文件时发现地质条件并未改变，增加碎石垫层属施工工序安排不合理导致土层扰动，避免3.6万元投资费用增加。

3.9 设计变更现场签证管理

3.9.1 设计变更管理

工程实施过程中因设计单位的勘察设计深度、设计文件内容发生质量缺陷，工程建设环境、政策法规和标准规范发生变化，或施工、建设管理等单位要求改变等原因引起施工图设计文件的改变，需履行设计变更审批流程对原设计文件进行修改、完善、优化。

设计变更按照变更内容或金额大小分为一般设计变更和重大设计变更。重大设计变更是指改变了初步设计批复的设计方案、主要设备选型、工程规模、建设标准等原则意见，或单项设计变更投资增减额不小于20万元的设计变更；一般设计变更是指除重大设计变更以外的设计变更。

3.9.1.1　工作内容及流程

设计单位

　　1. 设计单位 5 日内完成设计变更编制；事前汇报通过后，设计单位 1 日内完成技经感知 App 线上会签。

　　2. 非设计原因引起的设计变更，由施工、监理或业主项目部等提出单位 2 日内出具设计变更联系单，交设计单位出具设计变更审批单后进入审批流程。

监理单位

　　1. 现场发现确需改变设计文件的情况，经业主项目部同意后，当日向设计单位提出设计变更联系单。

　　2. 设计变更进入审批流程后，监理单位当日完成技经感知 App 线上审核会签。

　　3. 设计变更审批后，负责落实设计变更的实施，对设计变更工程量进行旁站实测和验收工作。

　　4. 监理造价人员负责核实设计变更工程量与费用，引起费用变化的设计变更，及时编号汇总报送业主项目部，作为工程结算的依据。

施工项目经理

　　1. 现场发现确需改变设计文件的情况，经监理单位和业主单位同意后当日向设计单位提出设计变更联系单。

　　2. 设计变更进入审批流程后，施工单位 2 日内完成技经感知 App 线上审核会签。

　　3. 施工项目经理按经批准的设计变更组织实施。

业主项目部

1.发现确需改变设计文件情况，应当日向设计单位提出设计变更联系单。

2.项目经理组织设计变更方案预审查，组织完成设计变更事前汇报。

3.设计变更事前汇报通过后，催办设计单位和其他参见单位按时完成技经感知 App 线上上传和会签。

4.设计变更进入审批流程后，当日完成技经感知 App 线上审核会签。

5.现场造价人员负责核查设计变更费用计列的真实性、规范性。

6.业主项目经理负责落实设计变更的监督检查和文件归档。

造价咨询单位

负责按照合同要求审查设计变更的工程量和相关费用，并将审核意见反馈建管单位。

技经专责

1.设计变更进入审批流程后，一般设计变更建管单位 2 日内完成技经感知 App 线上审批，重大设计变更建管单位 2 日内完成技经感知 App 线上会签并上报省公司建设部。

2.因设计原因引起的设计变更，依据合同条款对设计单位进行考核（参见考核单模板）。

图 3-5 所示为建设管理单位设计变更流程（设计原因）。

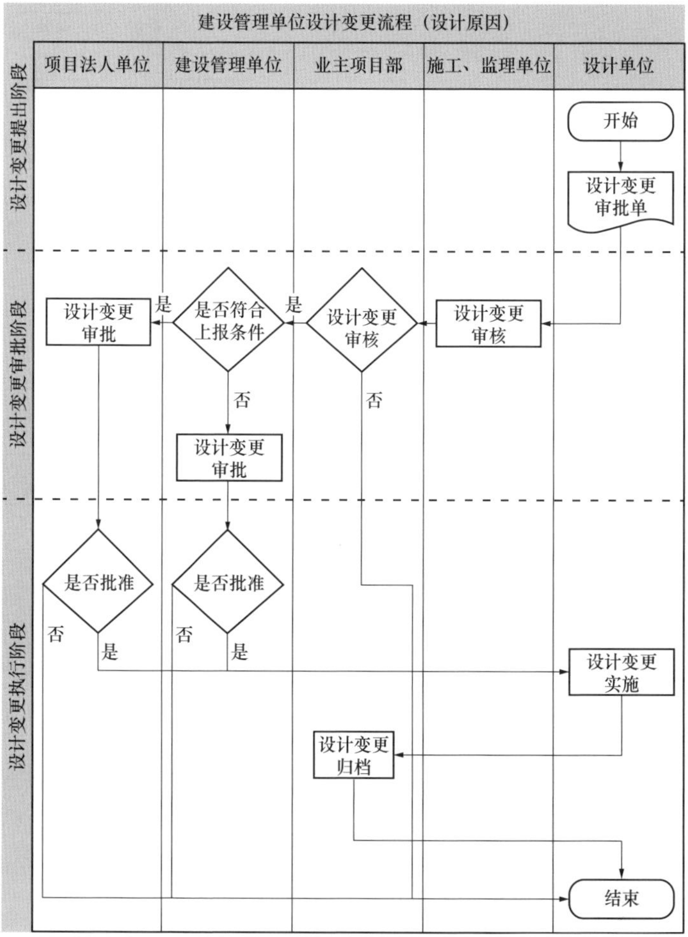

图 3-5　建设管理单位设计变更流程（设计原因）

图 3-6 所示为建设管理单位设计变更流程（非设计原因）。

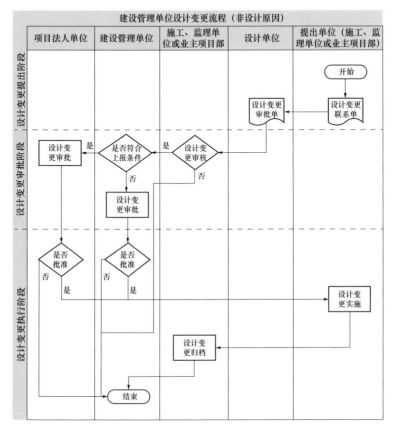

图 3-6　建设管理单位设计变更流程（非设计原因）

3.9.1.2　管控要点

 **特别提醒**

（1）设计变更管理红线。

1）设计变更办理不及时，不计入结算。

2）变化原因描述不清晰，意见签署不明确，人员盖章不齐全，不得计入结算。

3）设计变更所附支撑性材料不齐全，不得计入结算。

4）设计变更中变化工程量及费用金额不明确，或费用计算不准确，不得计入结算。

5）重大设计变更未按流程完成逐级审批，不得计入结算。

（2）设计变更内容要求。

设计变更要准确说明工程名称、变更的卷册号及图号、变更原因、变更提出方、变更内容、变更工程量及费用变化金额，并附变更图纸和变更费用计算书等。

（3）设计变更实行事前汇报机制。

重大设计变更发生时需向省公司级基建管理部门工程建设管理处室和技经处进行事前汇报，汇报内容包括设计变更发生的原因、处理建议及相关费用情况，经省公司级基建管理部门同意后，开始履行审批手续，审批完成后由监理单位发施工单位按设计变更要求实施。一般设计变更向建设管理单位汇报，经同意后履行审批手续。

（4）严禁升版图代替设计变更。

现场实际与审定施工图不符，应及时履行设计变更管理流程，做到"先审批后实施"。

（5）设计变更线上审批。

各参建单位办理设计变更时应全面应用基建现场技经感知模块实现线上审批。一般设计变更发生后，提出单位在基建现场技经感知模块提出设计变更审批申请，并及时通知各单位依次审核，确保7天内完成审批；重大设计变更发生后，提出单位在基建现场技经感知模块提出设计变更审批申请，并及时通知各单位依次审核，确保 14 天内完成审批。

3.9.1.3 案例参考

×××220kV 线路工程施工过程中发现 17 号塔位处有天然气管道（非新增），需要对路径进行调整。该事项是设计单位勘察设计深度不足而引起的对施工图设计文件的改变，属于设计变更。2021 年 5 月 6 日设计单位发现该情况，随即开展勘察设计、方案费用对比，于 5 月 12 日形成两种方案和对应费用的设计变更文件报业主项目部，5 月 13 日业主项目经理组织设计、施工、监理等单位进行设计变更预审查，业主项目经理当日向某公司建设部汇报通过，因两种方案费用均不小于 20 万元，属于重大设计变更，5 月 14 日某公司建设部组织向省公司级建设部事前汇报并确定最优方案，通过后设计单位发起现场签证审批流程。各参建单位按审批时限完成线上会签。设计变更审批通过后，施工项目经理组织实施，监理单位落实旁站实测和验收工作并将该设计变更编号汇总报送业主项目部，作为工程结算的依据。该设计变更属设计单位勘察设计深度不足引起，建设管理单位依据设计合同条款落实对设计单位的考核。

3.9.2 现场签证管理

在施工过程中除设计变更外，如发生其他涉及工程量增减、合同内容变更以及合同约定发承包双方需确认的事项，需履行现场签证审批流程予以签认证明。

现场签证按金额大小分为一般签证和重大签证。重大签证是指单项签证投资增减额不小于 10 万元的签证；一般签证是指除重大签证以外的签证。

3.9.2.1 工作内容及流程

施工单位

1.施工项目经理负责现场签证发起工作。

2.施工造价人员负责核实现场签证工程量，按照规定编制现场签证预算书。

3.现场签证事项经事前汇报通过后，施工单位当日完成技经感知 App 线上上传和会签。

4.施工项目经理按经批准的现场签证组织实施。

监理单位

1.施工过程中发现现场签证事项，监理工程师要求施工单位当日发起现场签证。

2.现场签证进入审批流程后，监理单位当日完成技经感知 App 线上审核会签。

3.现场签证审批后，负责落实现场签证的实施，对现场签证工程量进行旁站实测和验收工作。

4.监理造价人员负责核实现场签证工程量与费用，及时编号汇总报送业主项目部，作为工程结算的依据。

5.判断现场签证是否造成施工图设计文件变化，若有，退回按照设计变更规定执行。

设计单位

1. 现场签证进入审批流程后，设计单位当日完成技经感知 App 线上审核会签。

2. 负责审核现场签证的工程量和费用，提出专业意见。

业主项目部

1. 施工过程中发现现场签证事项，业主项目经理要求施工单位当日发起现场签证审批流程。

2. 项目经理组织现场签证的预审查，组织完成现场签证的事前汇报。

3. 现场签证事前审批通过后，催办施工单位和其他参建单位按时完成技经感知 App 线上上传和会签。

4. 现场签证进入审批流程后，业主项目部 2 日内完成技经感知 App 线上审核会签。

5. 现场造价人员负责核查现场签证费用计列的真实性、规范性，确保依据充分，资料齐全，避免拆分现场签证。

6. 业主项目经理负责落实现场签证的监督检查和文件归档。

建设管理单位

1. 现场签证进入审批流程后，一般现场签证建管单位 2 日内完成技经感知 App 线上审批，重大现场签证建管单位 2 日内完成技经感知 App 线上会签并上报省公司建设部。

2. 对现场签证原因进行分析，并依据原因对责任方按合同约定进行考核（参见考核单模板）。

造价咨询单位

负责按照合同要求审查现场签证的工程量和相关费用，并将审核意见反馈建管单位。

图 3-7 所示为建设管理单位现场签订流程。

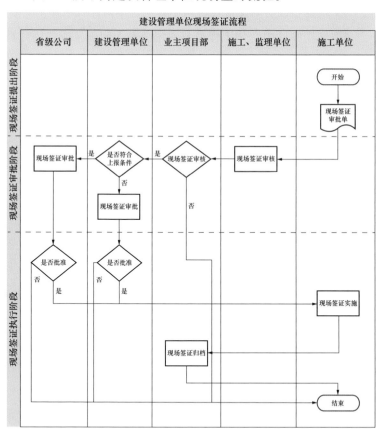

图 3-7 建设管理单位现场签证流程

3.9.2.2　管控要点

 特别提醒

（1）现场签证管理红线。

1）现场签证办理不及时，不计入结算；

2）变化原因描述不清晰，意见签署不明确，人员盖章不齐全，不得计入结算；

3）现场签证所附支撑性材料不齐全，不得计入结算；

4）现场签证中变化工程量及费用金额不明确，或费用计算不准确，不得计入结算；

5）重大现场签证未按流程完成逐级审批，不得计入结算。

（2）现场签证内容要求。

现场签证要详细说明工程名称、签证事项内容，并附相关施工措施方案、纪要或协议、支付凭证、照片、示意图、工程量及签证费用计算书等支撑性材料。

（3）现场签证实行事前汇报机制。

重大现场签证发生时需向省公司级基建管理部门工程建设管理处室和技经处进行事前汇报，汇报内容包括重大签证发生的原因、处理建议及相关费用情况，经省公司级基建管理部门同意后，开始履行审批手续，审批完成后由监理单位发施工单位按现场签证要求实施。一般现场签证向建设管理单位汇报，经同意后履行审批手续。

（4）现场签证线上审批。

各参建单位办理现场签证时应全面应用基建现场技经感知模块实现线上审批。一般现场签证发生后，提出单位在基建现

场技经感知模块提出现场签证审批申请，并及时通知各单位依次审核，确保 7 天内完成审批；重大现场签证发生后，提出单位在基建现场技经感知模块提出现场签证审批申请，并及时通知各单位依次审核，确保 14 天内完成审批。

3.9.2.3　案例参考

某 110kV 变电站新建工程，发生临时占地费用 38000 元。该事项不引起施工图设计文件的改变、需要发承包双方签认证明，属于现场签证。2020 年 9 月 2 日施工项目经理发起现场签证报业主项目部，2020 年 9 月 3 日业主项目经理组织施工、监理等单位进行现场签证的预审查，该事项属于一般签证，业主项目经理当日向某公司建设部沟通汇报，事前汇报通过后通知施工单位发起现场签证审批流程，各参建单位按审批时限完成线上会签审批。监理单位负责按要求将现场签证编号汇总报送业主项目部，作为工程结算的依据。

3.10　甲供物资管理

甲供物资现场造价管理包括工程甲供的设备、材料运至施工现场后，参加到货验收、量价核实、结余物资确认、拆旧物资核实、退库利库直至完成工程物资结算各方的管理职责和工作内容。

3.10.1 工作内容及流程

施工单位

1.甲供设备、材料运送至现场后，要准确记录到货甲供物资型号、长度、重量、数量等，并在收货单上签字确认。

2.收到设计单位出具的物资采购情况一览表后3日内审核确认。

3.参加由业主项目经理组织的甲供物资集中会审，并在《输变电工程甲供物资确认表》上签字确认。

4.了解跟踪现场剩余物资、拆旧物资的数量，拆旧物资原则上由施工项目部择地集中堆放、统一回收，同步做好拆旧物资运输及看管工作，满足物资回收要求，相关费用按合同结算。

监理项目部

1.督促施工项目部提前24小时填报甲供主要设备开箱申请表，附拟开箱设备清单，并进行审查签署意见。

2.监理项目部组织业主项目部、施工项目部、供货方进行开箱检查，填写甲供设备材料开箱记录表，核实现场到货量、图纸量、合同量。

3.跟踪现场剩余物资、拆旧物资的工程量确认。

业主项目经理

1. 参与物资到货清点、验收，同时办理物资出库和结余物资利库管理。

2. 工程投产 30 日前，从 ERP 系统导出物资采购情况一览表，交由设计人员审核。

3. 工程投运前 15 日内组织施工、设计单位对甲供物资集中审核，并要求各方在《输变电工程甲供物资确认表》上签字确认。

4. 工程投运前 3 日内完成结余物资利库。

设计人员

1. 收到业主项目经理下发的出物资采购情况一览表 3 日内审核完毕。

2. 参加由业主项目经理组织的甲供物资集中会审，并在《输变电工程甲供物资确认表》上签字确认。

图 3-8 所示为甲供物资管理流程图。

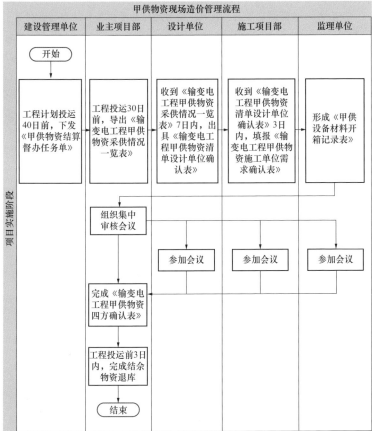

1.工程计划投运45日前，技经专责向业主项目下发甲供物资结算督办任务单，任务单明确物资结算的相关要求、时限和管理要求。
2.工程投运前30日，业主项目部完成甲供物资的出库管理，在ERP中（采用ZMM000067口令）导出该工程的甲供物资采供情况表，保留序号、单体工程项目名称，WBS描述、物料号、物料描述、采购方式、采购订单采购数量、采购订单计量单位、采购订单单价、采购订单净总价、采购订单含税总价、供应商名称、入库全额13列信息，形成《输变电工程甲供物资采供情况一览表》，其中后7列内为空或0的行，一般为利库物资，业主项目部需涂色备注好相关信息，单价采用利库原价格，数量填写本工程所用量，供应商处写明厂家和从哪个工程利库的，《输变电工程甲供物资采供情况一览表》需经业主项目经理签字确认，现场造价人员做好技经管理过程资料留存后提交设计单位。
3.业主项目部组织设计单位在收到《输变电工程甲供物资采供情况一览表》后结合施工图纸7日内出具《输变电工程甲供物资清单设计单位确认表》，确认表包含序号、物料号、物料描述、采购订单数量、采购订单计量单价（不含税）、施工图物料名称及规格型号、图纸净量、损耗率、确认合计量10列信息，技工程单体和规定的物料排列顺序填报，《输变电工程甲供物资清单设计单位确认表》经设计人员和项目总监签字确认后提交业主项目部现场造价人员。
4.业主项目部组织施工单位在《输变电工程甲供物资清单设计单位确认表》基础上3日内完成《输变电工程甲供物资施工单位需求确认表》填报，《输变电工程甲供物资施工单位需求确认表》在设计单位出具的《输变电工程甲供物资清单设计单位确认表》基础上填报（涂灰列为设计单位确认量），由业主项目部现场造价专责提供电子版信息，施工单位核实需补充项在表格最后填报并做好备注，经施工项目经理签字确认后报业主项目部。
5.工程投运前15日，现场造价人员组织设计、施工、监理单位对《输变电工程甲供物资采供情况一览表》《输变电工程甲供物资清单设计单位确认表》《输变电工程甲供物资施工单位需求确认表》监理项目部《甲供设备材料开箱记录表》、施工图纸、变更签证等资料集中审核、完成《输变电工程甲供物资四方确认表》。

图 3-8　甲供物资管理流程图

3.10.2　管控要点

 **特别提醒**

3.10.2.1　甲供物资数量的计算应以施工图纸上的净量与《电网工程建设预算编制与计算规定》配套定额中规定的各物资损耗量之和作为核定标准。

3.10.2.2　施工单位对拆旧物资原则上应采用集中堆放，统一回收的方式处置，应合理布置废旧物资集中堆场的位置和数量，同步做好拆旧物资运输及看管工作，满足物资回收要求，相关费用按合同及有关规定结算。

3.10.3　案例参考

案例：GYD110kV 输变电工程投运前业主项目经理组织设计、施工、技术、监理单位对甲供物资集中审核，并将结余物资退库处理，提前及时处理了物资问题，对工程结算及时率起到促进用，避免了国有资产流失。

3.11　其他费用管理

其他费用在现场造价管理时主要管控项目法人管理费和工器具及办公家具购置费两项。

3.11.1　工作内容及流程

项目法人管理费中适用于项目管理机构开办费用包括：项

目管理人员必要办公家具、生活家具、办公用品的购置或租赁费用，和关键节点见证和驻场调试等差旅费用。

工器具及办公家具购置费包括满足电力工程运营生产、生活和管理需要，购置必要的家具、用具、标志牌、警示牌、标示桩等发生的费用。

业主项目经理

1. 业主项目部按工程实际情况在开工前 5 日内合理合规范围内提出项目管理人员费用使用计划。

2. 工程竣工验收前 5 日，接收由设备部门提交的工器具及办公家具购置需求计划，并对其进行审核。

现场造价管理

1. 收到由业主项目经理审核后的项目管理人员费用使用计划后进行现场核实，主要核实采购计划和现场实物量是否一致。

2. 收到由业主项目经理审核后的工器具及办公家具购置需求计划后进行现场核实，主要核实采购计划和现场实物量是否一致。

技经专责

依据预规、财务规定审核项目法人管理费，报建管单位主管主任审批。

3.11.2 管控要点

3.11.2.1 严禁拼盘、调剂使用工程其他费用，严禁列支与工程无关的费用，不得超概算使用资金，做到专款专用，独立核算，严禁套取转移、虚列支出、截留、挤占和挪用。

3.11.2.2 严禁列支批准概算外项目费用，确需增加的，应当详细说明增列费用的原因、内容和依据，按照相关管理规定，经建设管理部门审批同意后，可在基本预备费中列支。

3.11.2.3 严禁超概算列支项目法人管理费和工器具及办公家具购置费。采购数量应符合现场实际条件，不得超合理范围支出，所有支出费用应做到"账、卡、物"一致。

3.11.3 案例参考

×××220kV 输变电工程发生一项工器具及办公家具购置费，运行单位报设备部需求计划，经审核后报业主项目部，现场造价管理按其他费用管理规定，在不突破概算前提下进行审核，无误后及时在财务管控系统流转。保证了费用开支的及时性、规范性。

3.12 分部结算管理

分部结算作为工程结算重要过程组成部分，是指依据施工合同约定和实际工程量，结合工程形象进度、施工转序、分部工程完成节点，在建设过程中对施工现场已完工的单项工程、单位工程或分部工程进行价款预结算的活动。

3.12.1　工作内容及流程

业主项目经理

1. 业主项目部现场造价人员根据工程建设情况，适时组织召开分部结算启动会，要求 5 日内向施工、设计、监理单位收集工程分部结算资料。

2. 业主项目部收到资料后，3 日内对设计变更、现场签证及施工单位提交的工程量完成预审，移交造价咨询单位。

3. 组织施工单位配合造价咨询单位完成分部结算工程量核对工作。

监理项目部

分部结算启动会后，按照业主项目部要求，5 日内提供施工图会检纪要、隐蔽工程验收记录、"三量"核查记录表、验孔记录、机械进出场记录、监理日志等监理资料。

设计单位

分部结算启动会后，按照业主项目部要求，5 日内提供设计变更、施工图设计文件（完整）等资料。

施工项目部

1. 分部结算启动会后，按照业主项目部要求，5日内提供全套的分部结算资料，包括分部工程量计算书、工程费用明细、新组单价依据性资料、设计变更、现场签证及地基验槽记录、打桩记录、施工日志等的资料。

2. 按照业主项目部要求，配合造价咨询单位完成施工工程量，变更签证，建场费等资料核对工作。

3. 施工单位在分部结算报告完成后7日内完成施工费用定案单确认。

造价咨询单位

1. 全过程造价咨询人员参与施工过程中技经协调会等，对过程中隐蔽工程工程量等确认，对过程中变更签证、建场费等费用和资料的审核等。

2. 造价咨询单位接到结算资料后，5日内对资料的完整性、合规性等进行初审。

3. 初审后开展分部结算审核，110kV及以下工程30日，220kV及以上工程45日内完成，并出具分部结算审核报告和分部结算定案单交建设管理单位。

技经专责

收到分部结算评审报告后，完成复核并出具结算审批表，3日内报送国网河北经研院。

图3-9所示为工程结算流程图。

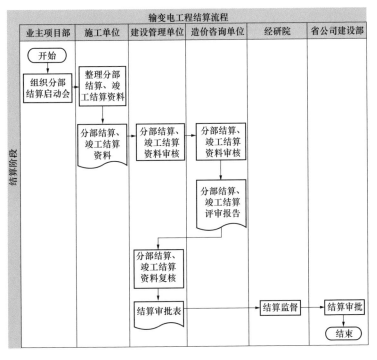

图3-9　工程结算流程图

3.12.2 管控要点

按照"谁发生、谁保存"原则，涉及过程现场造价管理记录和分部结算所需的各种过程文件和成果资料，原则上应随工程形象进度及时、完整、规范收集。分部结算资料应为原件，其内容必须真实、准确，与工程实际相符。

分部结算应根据图纸、地勘报告、地基验槽记录、自然地面测量标高方格网、开挖后的地面测量标高方格网、打桩记录、验孔记录、机械进出场记录、监理日志、施工日志等依据性资料，及时确认隐蔽工程量。

分部结算应及时确认交叉施工中交接面工程量的，由于交叉施工引起的未完工程量可延续至下一节点结算，严禁预估工程量，严禁重复计算工程量。

分部结算是工程竣工结算的有机组成部分，审定的工程量和结算金额原则上不予调整，工程竣工结算应在分部结算相关成果汇总的基础上开展。

3.12.3 案例参考

×××110kV输变电工程（土建分部结算）业主项目部的现场造价人员组织召开分部结算启动会，时间为2020年5月10日。5月18日施工单位将分部工程量计算书、设计变更、现场签证及地基验槽记录等完整结算资料报至业主项目部审核，并于6月18日与造价咨询单位完成工程量及变更签证的核对；造价咨询单位于 6 月 23 日完成分部结算审核。提前 2 天完成分部结算审核，施工单位施工费报审审减率为 3.54%，控制在省公司要求的 5% 以内，说明施工单位报审情况良好，工程量较准确。

3.13 竣工结算管理

工程竣工阶段，对分部结算未完工程量的确认，对工程已实际、全部投产确认，建设场地征用及清理费等费用已全部签订协议并支付确认，各参建单位编制、提供相关竣工资料。业主项目经理提交物资采购费用结算资料。技经专责及时组织开展竣工结算。

3.13.1 工作内容及流程

业主项目部

1. 110kV 及以下和 220kV 及以上输变电工程在竣工后 10 日和 15 日内收集施工单位、设计单位、监理单位竣工结算资料。造价人员对五方确认单、"三量"核查表、报审工程量和价进行初步审核。

2. 输变电工程竣工验收 15 日内，收集发展、设备管理、科技、财务和物资等相关管理部门提供的可研、环评、生产准备、建贷利息以及物资等费用结算资料。

3. 业主项目部在 110kV 及以下和 220kV 及以上输变电工程在竣工后 10 日和 15 日内收集全以上资料后 3 日内完成审核，移交造价咨询单位。

4. 竣工结算资料报送造价咨询单位后，组织施工单位配合完成竣工结算资料的核对工作。

监理项目部

1.按照业主项目部要求，5日内提交监理费结算资料。

2.配合开展竣工结算工作，提供验孔记录、机械进出场记录、监理日志、现场结余物资和拆旧物资的工程量确认、甲供物资核对表、工程监理费报审结算单等资料。

设计单位

1.按照业主项目部要求，5日内提交勘察设计费结算资料。

2.配合开展竣工结算工作，提供施工图设计文件、竣工图纸、地勘水文报告等资料。

施工项目部

1.按照业主项目部要求，5日内提供结算资料，包括工程量计算书、工程费用明细、新组单价依据性资料、设计变更、现场签证、施工单位负责的建场费、拆旧物资的退库单及地基验槽记录、打桩记录、施工日志等的资料。

2.按照业主项目部要求，配合造价咨询单位完成施工工程量，变更签证，建场费等资料核对工作。

3.施工单位在竣工结算报告完成后7日内完成施工合同内费用的定案单的确认。

造价咨询单位

1. 全过程造价咨询人员参与施工过程中技经协调会等，对隐蔽工程工程量等确认，对变更签证、建场费等费用和资料的审核等。

2. 造价咨询单位接到结算资料后，立即开展竣工结算审核，并出具竣工结算审核报告和竣工结算定案单交建设管理单位。

技经专责

收到竣工结算评审报告复核无误后，出具结算审批表，连同评审报告，在 3 日内报送国网河北经研院。

图 3-10 所示为竣工结算流程图。

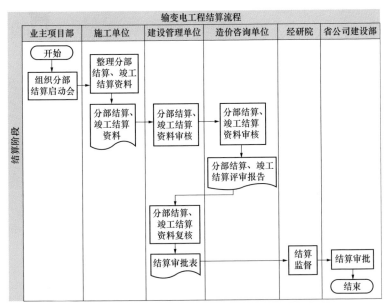

图 3-10　竣工结算流程图

3.13.2 管控要点

3.13.2.1 施工结算文件采用书面与电子文本的形式，且两者内容要求一致。

3.13.2.2 涉及现场造价管理和工程结算所需的各种过程文件和成果资料，原则上应随工程形象进度及时、完整、规范提交。竣工结算资料应为原件，其内容必须真实、准确，与工程实际相符。

3.13.2.3 输变电工程竣工投产后不宜留有未完工程。确有未完工程时，应附相关依据文件，并经省公司级基建管理部门审查同意。未完工程概算不宜超过总概算的 5%。未完工程应在竣工决算报告完成后 6 个月内建设实施完毕。

3.13.2.4 工程结算原则上宜控制在批准概算总投资内，确有客观原因则可在该输变电工程批准概算投资内平衡使用。

3.13.2.5 工程结算突破批准概算总投资，应及时上报原初步设计批复单位审核。

3.13.2.6 施工单位应在规定时间内提交结算资料，合同约定事项未完成、未在规定时间内提交结算资料或结算资料不齐全的项目不计入工程竣工结算，且经业主项目部书面催促后 3 天内仍未提供或没有明确答复的，业主项目部有权根据已有资料进行审查，有关责任由施工单位承担。

3.13.2.7 业主项目部按照合同约定对工履约管理，对违约相关单位通过《基建工程处罚通知单》进行履约考核。考核时间应与上报建设管理单位结算文件同步进行。

3.13.2.8 建设管理单位对应评价考核条款对业主项目部（含现场造价管理）履职情况进行考核评价，评价结果随工程结算结果同步上报建设管理单位主管领导。

3.13.3 案例参考

×××220kV输变电工程竣工投产证书时间为2020年4月15日。4月30日建设管理单位将施工单位竣工工程量计算书、设计变更、现场签证及物资、其他费、建场费等完整结算资料报至造价咨询单位，施工单位并于5月20日与造价咨询单位完成工程量及变更签证的核对；造价咨询单位于5月25日完成分部结算审核。提前5天完成结算，且结算资料及时、完整、合规。

3.14 造价文件归档管理

3.14.1 造价资料归档标准

各参建单位、部门应遵循"谁形成、谁负责"的原则，完成各自职责范围和合同规定的整理、归档及项目档案的编制、移交工作，确保项目档案完整、准确、系统、规范和安全，满足项目建设、管理、监督、运行和维护等活动在证据、责任和信息等方面的需要。

3.14.2 工作内容及流程

建设管理单位将工程结算资料按照结算资料装订目录装订

成册，避免资料缺失。表 3-6 所示为结算资料明细表。

表 3-6 结算资料明细表

序号	名称
1	结算审核定案书
2	竣工结算评审报告（含附表）
3	结算审批表
4	结算审核表
5	施工结算书
6	施工结算申请表
7	施工投标报价书
8	工程量量差签证
9	变更、签证审批单及支撑资料
10	施工中标通知书
11	施工合同中关于结算价的规定

建设管理单位将工程结算的所有资料进行归档，包括各参建单位申请结算资料、工程结算书、竣工结算报告、结算评审报告、结算督察报告、各类合同、协议、变更签证及支持性资料等，避免工程结算督察、结算审计时支持性资料不完整。

3.14.3 管控要点

 特别提醒

3.14.3.1 施工单位应在整套启动试运验收移交试运行后 10

天内，施工单位将竣工草图提交设计院。设计院将竣工图等完整的竣工资料移交业主项目部。竣工图纸由工程设计人负责编制，业主项目部、监理人审核。

3.14.3.2　少量有特殊情况的资料，经业主项目部同意后可延期移交，但最迟不能超过试运行期。

现场造价管理执行标准及依据

4.1 国家、行业有关工程造价管理的法律、法规、规程及规范类

（1）中华人民共和国价格法；

（2）中华人民共和国招投标法；

（3）中华人民共和国招投标法实施条例；

（4）中华人民共和国民法典；

（5）建设工程质量管理条例；

（6）建设工程质量保证金管理办法；

（7）国家能源局〔2013〕501号文件、住房城乡建设部 财政部建标〔2013〕44号文件、建设部与财政部联合下发的《建筑工程施工发包与承包计价管理办法》等文件。

4.2　行业现行计量计价依据类

（1）现行电网工程建设预算编制与计算规定、电网工程建设概（预）算定额；

（2）现行电网建设工程工程量清单计价规范；

（3）电力行业关于现行定额人材机调整系数的文件。

4.3　公司有关工程造价管理方面的管理文件、制度及办法类

（1）国网公司输变电工程初步设计内容深度规定（Q/GDW10166—2016）。

（2）国家电网公司基建技经管理规定〔国网（基建/2）175—2017〕。

（3）国家电网公司输变电工程设计变更与现场签证管理办法〔国网（基建/3）185—2017〕。

（4）国网基建部关于加强输变电工程分部结算管理的实施意见（基建技经〔2018〕96号）。

（5）国网基建部关于规范输变电工程安全文明施工费计列与使用的意见（基建技经〔2018〕102号）。

（6）国家电网有限公司电网建设项目档案管理办法〔国网（办/4）571—2018〕。

（7）国家电网有限公司关于进一步加强输变电工程结算精益化管理的指导意见（国家电网基建〔2018〕567号）。

（8）《国家电网有限公司电网建设项目档案验收办法》的通知（国家电网办〔2018〕1166号）。

（9）国家电网有限公司关于加强输变电工程现场造价标准化管理的意见（基建技经〔2019〕19号）。

（10）《国家电网公司输变电工程结算管理办法》〔国网（基建/3）114—2019〕。

（11）输变电工程结算报告编制规定、输变电工程施工图预算（综合单价法）编制规定（国家电网企管〔2019〕698号）。

（12）国网基建部关于应用"e安全"加强输变电工程现场农民工工资支付工作的通知（基建技经〔2020〕70号）。

（13）国网基建部关于印发输变电工程多维立体参考价（2021年版）的通知（基建技经〔2021〕3号）。

（14）《国家电网公司输变电工程造价管理知识读本》。

（15）《国家电网有限公司基建技经管理标准化手册》。

（16）《国家电网有限公司业主项目部标准化管理手册》。

（17）《国家电网有限公司施工项目部标准化管理手册》。

（18）《国家电网有限公司监理项目部标准化管理手册》。

4.4 工程建设过程相关依据

（1）工程设计文件。

（2）工程建设合同，包括施工合同、工程监理合同、勘察设计合同、物资采购合同等。

（3）工程招投标文件。

（4）工程所在地的建设主管部门发布的工程造价信息。

（5）各级政府发布的征地、拆迁赔偿等标准的文件。

附录 A

现场造价文件资料收集清单

序号	单位或专业	资料名称	备注
1		设计招投标文件	
2	设计单位	合同、中标通知书	签字盖章版
3		招标量与施工图差对比表	
1		施工项目部组建文件	与招标文件一致
2		经审批《项目管理实施规划》	
3	施工相关资料	施工招投标文件	
4		施工投标报价	
5		合同、中标通知书	签字盖章版
1		监理项目部组建文件	与招标文件一致
2		经审批《监理规划》	
3	监理相关资料	监理招投标文件	
4		合同、中标通知书	签字盖章版
1		业主项目部组建文件	批复文件
2	业主项目部自备资料	经审批《建设管理纲要》	
3		项目部管理相关文件、规定	

附录 B

＿＿＿＿＿＿＿＿变电站
征地及占地附着物补偿委托协议

合同编号：

甲　　方：

乙　　方：

签订日期：

签订地点：

_____变电站项目
征地及占地附着物补偿协议

_____公司在_____内建设_____变电站一座，经双方协商达成如下协议：

第1条　委托事务

甲方委托乙方办理_____kV变电站的征地、征地补偿、地上附着物赔偿、临时占地、站址线路迁改、不动产登记、项目规划及消防相关事务办理。

第2条　委托人处理委托事务的权限与具体要求

2.1　征地位置及面积：按照_____kV变电站设计位置，占地面积为_____亩（以勘察定界为准）。

2.2　征地性质：_____kV变电站征地为国家所有，使用权为_____。

2.3　征地用途：征地用于建设_____kV变电站。

第3条　委托期限

自_____年___月___日至_____。

第4条　乙方报告义务

乙方有将委托事务处理情况及时向甲方报告的义务。

第5条　处理委托事务所取得的财产及手续的移交

乙方将处理委托事务所取得的征地及有关手续，及时转交甲方，并办理移交手续。

第6条　本合同费用

待办理完前期所有手续及土地证后据实支付。

第 7 条　支付方式

甲方按进度及时付款，付至＿＿＿＿％时停止拨款，最后由
＿＿＿＿＿＿审计完毕后结清余款。

第 8 条　本合同解除的条件

如发生不可抗力，双方可通知另一方解除本合同。

不可抗力：指不能预见、不能避免并不能克服的客观情况。
包括：火山爆发、龙卷风、海啸、暴风雪、泥石流、山体滑坡、
水灾、火灾、超设计标准的地震、台风、雷电、雾闪等，以及
核辐射、战争、瘟疫、骚乱、影响本协议执行的法律、法规的
变更等。

第 9 条　违约责任

任何一方违约，而向另一方支付违约金，违约金标准按本
合同最终结算款总额＿＿＿＿＿‰计算。

第 10 条　争议解决

10.1　双方发生争议时，应本着诚实信用原则，通过友好协
商解决。

10.2　若争议经协商仍无法解决的，按以下第＿＿＿＿＿种方式
处理：

（1）仲裁：提交＿＿＿＿＿，按照申请仲裁时该仲裁机构有效
的仲裁规则进行仲裁。仲裁裁决是终局的，对双方均有约束力。

（2）诉讼：向＿＿＿＿＿＿所在地人民法院提起诉讼。

10.3　在争议解决期间，合同中未涉及争议部分的条款仍须
履行。

第 11 条　合同生效

本合同自双方法定代表人（负责人）或其授权代表签署并

加盖双方公章或合同专用章之日起生效。

第 12 条　签订日期

合同签订日期以双方中最后一方签署并加盖公章或合同专用章的日期为准。

第 13 条　份数

本合同一式_____份，甲方执_____份，乙方执_____份。

第 14 条　特别约定

本特别约定是对合同其他条款的修改或补充，如有不一致，以特别约定为准。

_____

（以下无正文）

签 署 页

甲方：   乙方：

（盖章）   （盖章）

法定代表人 (负责人) 或   法定代表人（负责人）或
授权代表（签字）：   授权代表（签字）：

签订日期：   签订日期：

地址：   地址：

邮编：   邮编：

联系人：   联系人：

电话：   电话：

传真：   传真：

开户银行：   开户银行：

账号：   账号：

税号：   税号：

附录 C

_____变电站
临时占地及边角余地补偿协议

合同编号：
甲　　方：
乙　　方：
签订日期：
签订地点：

委托方（甲方）：
受托方（乙方）：

为支持国家（市）重点工程项目的建设，需临时占用
_____土地建设_____kV 变电站项目部及料场。现依
照《中华人民共和国民法典》等相关法律法规规定，本着平等、
自愿、公平和诚信的原则，经甲乙双方协商一致，签订本合同。

1. 委托事务

甲方委托乙方负责_____kV 变电站的临时占地地上附着
物补偿及土地租赁补偿。

2. 委托费用及支付方式

2.1 委托费用为人民币_____元整（大写：_____）
（暂定），其中，不含税价格人民币（大写）_____（￥_____），
增值税税率_____%，增值税税额_____元。若国家出台新的税
收政策，合同约定税率与国家法律法规及税务机关规定的税率
不一致时，对于尚未完成结算且未开具增值税税率发票的部分，
按照国家法律法规及税务机关规定的增值税税率调整含税价格，
价格调整以不含税价为基准。工程竣工后依据票据据实结算。

2.2 委托费用按以下_____种方式支付：

（1）甲方于合同签订完毕，乙方开具合规收据后甲方
在_____个工作日内将费用一次性付清。

（2）分期支付：_____。

3. 双方的义务

3.1 甲方义务

3.1.1 按照本合同的规定向乙方支付委托费用。

3.1.2 负责协助办理新建工程立项、规划等报批手续工作。

3.2 乙方义务

3.2.1 乙方在收到委托费用后，立即组织实施本次赔付工程。

3.2.2 如因甲方占用该块土地而引起的村民纠纷和相邻权等问题由乙方负责解决。

3.2.3 占用期内，乙方人事等其他的任何变动不会影响此协议的执行，乙方不得以任何理由影响协议的执行。

3.2.4 乙方不得向甲方收取约定补偿费用以外的任何费用。

3.2.5 乙方保证将补偿款足额对户补偿，并提供补偿明细。

3.2.6 乙方应按合同约定的期限完成临时占地手续办理。

4. 转委托

甲方不允许乙方把委托处理的事务转委托给第三人处理。

5. 本合同费用明细

5.1 临时占地青苗补偿：＿＿＿＿＿＿＿＿＿＿＿＿＿＿＿＿，租赁时间为＿＿＿年，自＿＿＿年＿＿月＿＿日－＿＿＿年＿＿月＿＿日。

5.2 临时占地地面附着物补偿：＿＿＿＿＿＿＿＿＿＿＿＿＿＿＿

5.3 以上费用合计人民币＿＿＿＿＿＿＿＿元（大写：＿＿＿＿＿＿＿＿＿＿＿＿＿元整）。

6. 违约责任

甲方不按本合同约定支付委托费用，甲方应向乙方支付按照合同订立款＿＿＿＿＿%违约金，乙方有权拒绝开展工作。因乙方未及时履行本合同义务导致工期延后所造成的损失，由乙方按合同金额＿＿＿＿＿%进行赔偿。

7. 合同的变更、解除

7.1 本合同生效后合同双方均不能擅自对本合同的内容及附件进行单方面的修改变更，但任何一方均可以对合同的内容以书面形式提出变更和修改的建议，该项建议经对方书面同意后视为对合同内容的变更。

7.2 因国家法律法规或相关政策调整导致本合同不能履行或需变更的，双方应变更或解除本合同。

7.3 除本合同规定的解除合同的情形外，双方协商一致并共同书面同意，可以解除本合同。

7.4 如发生不可抗力，双方可通知另一方解除本合同。

不可抗力：指不能预见、不能避免并不能克服的客观情况。包括：火山爆发、龙卷风、海啸、暴风雪、泥石流、山体滑坡、水灾、火灾、超设计标准的地震、台风、雷电、雾闪等，以及核辐射、战争、瘟疫、骚乱、影响本协议执行的法律、法规的变更等。

8. 争议解决方式

8.1 因合同及合同有关事项发生的争议，双方应本着诚实信用原则，通过友好协商解决，经协商仍无法达成一致的，按以下第____种方式处理：

（1）仲裁：提交_____仲裁，按照申请仲裁时该仲裁机构有效的仲裁规则进行仲裁。仲裁裁决是终局的，对双方均有约束力。

（2）诉讼：向_____所在地人民法院提起诉讼。

8.2 在争议解决期间，合同中未涉及争议部分的条款仍须履行。

9. 适用法律

本合同的订立、解释、履行及争议解决，均适用中华人民共和国法律。

10. 合同的生效

10.1　本合同在以下条件全部满足之日生效。

10.2　本合同经双方法定代表人（负责人）或其授权代表签署并加盖双方公章或合同专用章之日起生效。合同签订日期以双方中最后一方签署并加盖公章或合同专用章的日期为准。

11. 其他事项

11.1　如有未尽事项，双方可另签订补充协议。

11.2　本合同附件是本合同不可分割的组成部分，与本合同正文具有同等法律效力。

11.3　本合同一式_____份，发包人执_____份，承包人执_____份，各份具有同等法律效力。

12. 特别约定

本特别约定是合同各方经协商后对合同其他条款的修改或补充，如有不一致，以特别约定为准。

_____

_____。

（以下无正文）

签 署 页

委托方：   受托方：

（盖章）   （盖章）

法定代表人（负责人）或   法定代表人（负责人）或
授权代表（签字）：   授权代表（签字）：
签订日期：   签订日期：
地址：   地址：
经办人：   经办人：
电话：   电话：
传真：   传真：
Email: Email:
开户银行：   开户银行：
账号：   账号：
统一社会信用代码：   统一社会信用代码：

附录 D

_____线路

铁塔长期占地协议书

甲方：_____

乙方：_____县（市）_____乡（镇）_____村

根据《土地管理协议》《河北省土地管理条例》等有关法律法规规定，为支持电力建设，经甲乙双方协商，达成如下协议：

一、乙方同意甲方为架设本线路_____号铁塔占地。

二、甲方向乙方支付铁塔占地费为每亩（基）_____元，（占地_____面积计算为基础外沿外加1米），合款_____元。

三、线路铁塔占用的土地所有权为国家所有，甲方取得土地使用权后，不得改为他用，甲方只有使用权，不得转让、出租、抵押。

四、甲方在施工及将来维护检修铁塔时，乙方不得以任何理由干扰、阻挡甲方工作，否则按《电力法》及《治安管理处罚条例》有关条款进行处理。

五、本协议甲乙双方签字盖章后生效。该协议一式四份，甲方执三份，乙方执一份，具有同等效力，双方必须共同遵守。双方未尽事宜，由双方协调解决。

六、补充条款：_____

七、本协议自双方签字盖章之日起生效。

甲方（公章）   乙方（公章）

甲方代表：   乙方代表：

                              _____年____月____日

附录 E

构建筑物拆除补偿协议

甲方：

乙方：

由我公司负责施工的_____输电线路_____铁塔经过乙方所在地，为了保障架空电力线路的安全运行，保障当地人民群众生命财产的安全，根据《中华人民共和国电力法》及国务院《电力设施保护条例》的规定："架空电力线路导线边线向外侧水平延伸并垂直于地面所形成的两平行面内的区域为架空电力线路保护区。边线延伸距离为：220kV 为 15 米；110kV 为 10 米。任何单位和个人不得在架空电力线路保护区内存有或建设可能危及电力设施安全的建筑物、构筑物。"为了保障架空电力线路的安全运行，保障当地群众生命财产的安全，该线路下方乙方所有的建筑物需拆除。经双方协商达成如下协议：

一、乙方负责将所须拆除的所有权归乙方的，可能危及线路运行安全的建筑物、构筑物拆除，建筑物、构筑物拆除的废品、废料归乙方所有。

二、建筑物、构筑物拆除后，乙方不得在线路保护区内兴建任何可能危及线路运行安全的建筑物、构筑物，不得在线路保护区内种植任何可能危及线路运行安全的植物，如发现有违反上述规定的建筑物、构筑物、植物等由维护单位自行处理不再给予补偿。

三、①乙方共需拆除房屋_____平方米（土坯结构、砖混机构、混凝土结构），每平方米_____元；②院落_____平方米，每平方米_____元；③其他附属物包括：_____、_____等，共计_____元；④甲方对乙方共计补偿人民币大写：__万__仟__佰__拾__元__角__分（小写：_____）。

四、乙方应在甲方指定的时间（____年__月__日）内完成拆除上述建筑物至零米，并将拆除余物彻底清理并作植被恢复。

五、甲方负责协助乙方完成拆除构建筑物及所有其他附着物工作。

六、拆除完毕并经甲方验收合格后，甲方将全部款项汇入乙、丙双方共同指定的账户。

七、该建筑物及所有归乙方所有的附着物由乙方负责拆除，在拆除过程中和拆除后所遇到的一切问题由乙方负责。

八、如有纠纷，在甲方机构所在地人民法院起诉。

九、本协议一式五份，甲方执四份，乙方执一份。

十、本协议自双方签字、盖章之日起生效。

甲方签章：　　　　　　　　乙方签章：

　　　　　　　　　　　　　____年___月___日

附录 F

宅基地委托赔偿协议

甲方：＿＿＿＿＿＿＿＿＿＿＿＿

乙方：＿＿＿＿＿＿＿＿＿＿＿＿

由甲方负责的＿＿＿＿＿＿千伏线路途径乙方境内，新建杆塔需占用乙方土地，在 N＿＿号至 N＿＿号线路边线＿＿米内有宅基地＿＿块。根据国家《中华人民共和国电力法》、国务院《电力设施保护条例》《河北省电力条例》《关于印发邯郸市输变电工程建设征地拆迁补偿标准的通知》(〔2013〕130号) 等有关规定，甲乙双方通过协商，达成如下协议：

1. 本次处置 N＿＿号至 N＿＿号线路边线＿＿米内的宅基地共＿＿＿＿块，面积＿＿＿＿平方米。共计补偿乙方拆迁补偿费人民币大写：＿＿万＿＿仟＿＿佰＿＿拾＿＿元＿＿角＿＿分（小写：＿＿＿＿＿＿＿＿）。

2. 协议签订后，乙方不得在原宅基地上兴建任何可能危及线路运行安全的建筑物、构筑物，不得种植任何可能危及线路运行安全的植物，如发现有违反上述规定的建筑物、构筑物、植物等，由维护单位自行处理不再给予补偿。

3. 乙方应在甲方指定的时间＿＿＿＿年＿＿月＿＿日内完成拆除上述建、构筑物至零米，并将拆迁余物彻底清理并作植被恢复。拆除过程中和拆除后所遇到的一切问题由乙方负责，拆除经甲方验收合格后将全部款项汇入乙方指定的账户。

4. 乙方负责向甲方提供财政厅监制的正规收据、清理赔偿明细表、所有赔偿协议以及宅基地证件复印件。乙方所出具票据抬头须填写："***"。乙方负责将赔偿款付给所有受偿户，受偿户提供身份证复印件，并在明细表中签字并按手印确认。

5. 当宅基地数量或赔偿金额出现变化时，协议双方应签订补充协议。

6. 若双方发生争议，可由双方共同协商解决。协商不成的，双方同意在甲方所在地仲裁机构仲裁。

7. 本协议一式七份，甲方六份，乙方一份。本协议自签字盖章起生效。

赔偿明细表

受偿户姓名	宅基地面积	其他	金额（元）

甲方：　　　　　　　　　　　　乙方：

法定代表人（委托人）　　　　　代表人

（签字、盖章）　　　　　　　　（签字、盖章）

　　年　　月　　日　　　　　　　年　　月　　日

附录 G

_____线路

_____临时占地补偿协议

甲方：

乙方：

根据_____批准兴建_____kV 线路输变电工程，因施工建设需要，涉及乙方（武安市大同镇大同村）有关赔偿事项，经双方友好协商达成如下协议：

一、赔偿类别：_____

二、赔偿内容：_____

三、赔偿费用：¥_____元（大写_____元整）

费用明细_____

_____

四、付款方式：

1、本协议生效后____日内，甲方向乙方支付赔偿费用___%。

余款支付：_____。

2、乙方应提供的材料：

□ 身份证复印件　☑ 账号　☑ 财政票据　□ 符合甲方要求的票据

其他：_____。

五、甲方应按协议规定及时向乙方支付费用，乙方在收到此款后，须确保工程顺利施工。工程施工过程中满足甲方施工进度要求，不出现阻挡施工现象，当工程建设不能正常进行时，乙方应及时到现场负责解决，如出现涉及委托范围内的任何赔偿争议均由乙方负责解决。

六、乙方需按甲方时间要求，自行将所需清理的障碍物于__/__年__/__月__/__日前清除，请甲方向有关部门申请，所发生费用由乙方承担，清理过程中的安全事项由乙方负责。

七、按《电力设施保护条例》规定，乙方不得在线路通道内兴建任何建筑物或种植林木等，否则，发生的一切后果由乙方自己承担。

八、违约责任：

1. 如果甲方不按约定向乙方支付进度款，乙方有权利停止执行本协议。

2. 乙方协调工作如不能满足甲方要求，甲方有权终止本协议。并保留追究乙方责任的权利。

九、本协议甲乙双方签字盖章后生效。该协议一式四份，甲方执三份，乙方执一份，具有同等效力，双方必须共同遵守。双方未尽事宜，由双方协调解决。

十、补充条款：_____

_____

_____

甲方（盖章）；　　　　　乙方（盖章）：

法人代表人（委托人）　　开户行：

签　字：　　　　　　　　账（卡）号：

经办人：　　　　　　　　联系电话：

　　年　月　日　　　　　　年　月　日

附录 H

_____线路工程

占地及附着物补偿委托合同

合同编号（委托方）：

合同编号（受托方）：

工程名称：

委　托　方：

受　托　方：

签订日期：

签订地点：

目 录

＿＿＿＿＿＿线路工程
占地及附着物补偿委托合同

委托方（甲方）：＿＿＿＿＿＿＿＿＿＿＿＿

受托方（乙方）：＿＿＿＿＿＿＿＿＿＿＿＿

1. 总则

1.1　为加强输电线路前期工作的管理，提高输电线路建设管理水平，实现安全、优质、高效建设坚强电网的共同目标，甲方和乙方根据国家有关法律及国家电网有限公司有关规定，经友好协商，达成本协议。

1.2　根据已批准的文件，该线路工程名称为＿＿＿＿＿，线路通过＿＿＿＿＿地区并将在＿＿＿＿地区建设＿＿＿＿个塔基。

1.3　甲方负责项目投资和项目建设的统筹管理，乙方作为受托单位负责完成建设前期的具体占地及地上物、房屋补偿安置等工作。

1.4　甲方配合乙方的建设前期工作。乙方负责在工程前期建设阶段对工程项目实施全面管理，实现本协议中设定的前期工作安全、质量、进度及档案管理等方面的目标和要求。

2. 前期工作范围与目标

2.1　乙方工作范围

2.1.1　负责前期拆、改、移的测绘、评估、拆迁、拆除工作，乙方与相关单位签订委托合同并支付测绘、评估、拆迁、拆除等服务费用。

2.1.2 负责自_____号至_____号设计塔号的塔基永久性占地工作，乙方与相关权利人签订永久占地合同和支付补偿款。

2.1.3 负责临时施工占地、青苗补偿等临时施工前期工作，乙方与权利人签订临时施工补偿合同和支付补偿款。

2.1.4 负责线路走廊及保护区内（建成后导线边线向外侧水平延伸_____米并垂直于地面所形成的两平行面内的区域内）需要拆除项目及甲方提供的设计图中明确要求拆除项目的拆除工作，乙方负责与相关权利人签订拆除合同并支付补偿款，包括各种建筑物、构筑物、树木等设施的拆除工作。

2.1.5 负责办理线路走廊及保护区内林地使用证、树木砍伐证及树木的砍伐、移植工作的相关手续，乙方负责与权利人签订树木砍伐移栽合同并支付补偿款。

2.1.6 负责办理跨越线下物的工作（包括工矿企业、各类房屋、树木、鱼池等），包括办理相关手续、与权利人签订跨越合同、支付相关费用等事宜。

2.1.7 负责拆除、砍伐或移植后的渣土清运和相关整理工作。

2.1.8 其他线路建设前期相关工作。

2.2 前期工作目标

乙方应在本协议约定职责范围内，采取各项管理措施，按照合理工期要求，保证工程项目按照甲方批准的建设计划进行，并达到以下控制目标。

2.2.1 进度目标：乙方应于_____年___月___日前完成

全部前期工作。乙方的工作进度应符合甲方线路本体施工进程安排，保证甲方线路本体施工顺利进行。

2.2.2　质量目标：＿＿＿＿＿＿＿＿＿＿＿＿＿＿＿＿。

2.2.3　档案管理目标：根据国家重大工程档案编制规定、国家电网有限公司及甲方档案管理规定，对前期建设工作的档案进行组卷归档和管理，通过档案管理部门验收，满足验收和稽查要求。

3. 前期工作费用及支付

3.1　前期工作费用确定

为了更快、更好地完成上述线路前期工作，甲乙双方参照评估机构的补偿评估报告及＿＿＿＿＿＿地区有关拆迁补偿管理办法，经协商确定总费用为人民币＿＿＿＿＿元整（大写＿＿＿＿＿元）（含税）。其中，不含税价格人民币（大写）＿＿＿＿＿（￥＿＿＿＿＿），增值税税率＿＿%，增值税税额＿＿＿＿＿元。若国家出台新的税收政策，合同约定税率与国家法律法规及税务机关规定的税率不一致时，对于尚未完成结算且未开具增值税税率发票的部分，按照国家法律法规及税务机关规定的增值税税率调整含税价格，价格调整以不含税价为基准。此总费用由乙方以费用包干的形式具体组织上述第 2 条约定的全部前期工作，由乙方包干使用，专款专用，甲方不负责盈亏，甲乙双方对总承包费不再做调整。但若出现特殊情形，甲乙双方可就上述费用另行协商调整。

3.2　前期工作费用构成

双方确认本条第 1 款约定的统包总费用包括但不限于以下费用：

（1）地上附着物和青苗的补偿费；

（2）永久占地的土地补偿费；

（3）临时占地费；房屋及地上物拆迁全部费用；

（4）树木砍伐、移植全部费用；

（5）办理各类跨越物的相关费用；

（6）评估费；

（7）拆迁服务费；

（8）办理前期工作应向政府相关部门缴纳的费用。

3.3 支付方式

3.3.1 双方约定如下：

（1）本合同签订后，甲方在收到乙方发票后的____个工作日内预付乙方_____元（大写_____元）。

（2）甲方完成线路本体施工工作量的_____%，甲方向乙方支付_____元。乙方完成全部前期工作_____境内线路通道和电力设施保护区经验收合格，所有搬迁安置合同及相关文件全部移交甲方认可后____个工作日内支付给乙方_____元（大写_____元）。

（3）每次付款时，甲方通过银行汇款方式付至乙方指定的账号内：

乙方开户行名称：

乙方账号：

每次付款时，乙方先向甲方提供等额有效发票。

3.3.2 双方约定的其他方式：

_____

_____

_____。

4. 甲方权利义务

4.1　向乙方提供本工程相关批准文件及设计图纸一套（复印件），负责组织设计单位交桩、提供永久占地、临时占地大致范围并到实地测绘确认塔基位置与路径方向。

4.2　向乙方提供线路通道验收标准，方便乙方开展工作。

4.3　及时与乙方沟通前期工作进度要求和时限，对乙方实施本合同的前期工作的进度和质量有权进行监督、管理，及时进行前期工作的验收。

4.4　线路走廊内需砍伐的高大树木和被搬迁拆除房屋及附属建筑物、构筑物的确认。

4.5　按照本合同约定支付前期工作费用。

4.6　本合同签订后，甲方即可负责组织线路施工，应文明施工。

5. 乙方权利义务

5.1　严格按本合同约定的期限完成前期工作，确保符合本合同约定的验收标准。

5.2　负责做好被搬迁人和沿线群众的协调工作，保证前期工作进度符合甲方线路本体工程建设需要。

5.3　至少派_____人到现场配合甲方施工，保证甲方施工不受任何阻碍，及时发现并处理突发事件，采取措施避免事件扩大，避免出现群体性事件，保证甲方施工平稳、有序进行。

5.4　拆除房屋、移伐树木应文明规范施工，做好安全防范措施，严格管理。因前期工作引起的任何人身损害、财产损害、意外事件或安全事故等均由乙方负责处理并承担全部责任，甲方不承担任何责任。一旦甲方由此承担赔偿责任，甲方有权向乙方进行追偿。

5.5 甲方支付给乙方的前期费用，禁止挪作他用。如因挪用资金造成被搬迁人阻拦施工的经济损失，由乙方全部承担。

5.6 乙方在进行前期工作时应按照国家法律法规、当地规定及行业规定执行。

5.7 乙方给被搬迁人/被补/赔偿人的补偿价格标准应当依据相关政府部门规定及当地市场情况并根据评估机构评估结果确定。评估单位的选择须经甲方确认。

5.8 乙方应与前期工作中所涉及的每一补/赔偿权利人签订《补/赔偿合同》或《搬迁合同》(合同参考文本由甲方提供)，并按合同约定向权利人按时足额支付补/赔偿款。因乙方未按时足额支付补/赔偿款导致甲方的一切经济损失由乙方负责赔偿，一旦甲方由此承担赔偿责任，甲方有权向乙方进行追偿。

5.9 乙方应在与甲方结清前期费用尾款之前将下述文件原件移交给甲方：全部《补/赔偿合同》及附件、《搬迁合同》及附件、搬迁补偿费支付收据、评估报告以及当地政府关于拆迁补偿相关文件等。

5.10 乙方与被搬迁人/被补/赔偿人因上述合同产生争议，应自行解决，与甲方和线路建设主体无关。

5.11 本合同履行完毕后，因乙方受托的前期工作内容和工作范围内遗留问题而产生的任何纠纷应由乙方负责处理，甲方因该纠纷而承担的任何费用和损失有权向乙方追偿。

5.12 法律法规规定的和合同约定的其他义务。

6. 前期工作验收

6.1 现场验收标准为：线路通道现场要符合相关电力法律

法规及线路设计、运行规程的规定，符合本合同约定。

6.2 文件资料验收标准为：符合本合同第 5 条约定的应交付给甲方留存的文件。

6.3 在本合同第 2 条规定的期限内，乙方在完成前期工作后应通知甲方验收。甲乙双方进行线路通道现场验收，并对本合同第 5 条约定的应交付给甲方留存的文件验收，双方应对验收结果进行确认。

6.4 自合同签订之日起至甲方线路投运前，乙方应采取措施确保在线路走廊及保护区内被补 / 赔偿人不再新建危及线路安全的建筑物、构筑物、不再栽种危及线路安全的高大植物，不从事危及线路安全的经营、种植、搭建和其他行为。

7. 违约责任

7.1 乙方不履行本合同义务或者履行义务不符合约定的，甲方有权要求乙方承担继续履行、赔偿损失和 / 或支付违约金等违约责任。

7.2 若乙方未按本合同第 2 条规定的期限完成前期工作，每延误一日，应按签约合同价格的____% 向甲方支付违约金；延误超过 30 天的，甲方有权解除合同，乙方应向甲方支付签约合同价____% 的违约金。

7.3 本合同签订后被搬迁人或其他人员阻碍甲方施工并造成损失的，乙方应及时予以解决并承担相应的责任。

7.4 乙方不及时向甲方移交资料的，甲方有权拒绝支付相应阶段的费用。因乙方不移交资料造成甲方办理下一阶段手续延误的，乙方应向甲方支付签约合同价____% 的违约金。

7.5 因乙方原因导致补偿费用未及时、足额发放到位引发的一切争议,由乙方负责解决。甲方因此承担责任或遭受损失的,乙方应向甲方承担最终责任。

7.6 乙方超越甲方委托的范围以甲方名义从事活动引起的各种责任,由乙方自行承担,给甲方造成损失的,应负责赔偿。

7.7 乙方因违约应向甲方支付违约金或赔偿损失的,甲方有权从任何一期合同应付款项中予以扣除。

7.8 任何一方违反合同义务,应按照合同约定支付违约金的,但应当支付的违约金总额累计以不超过签约合同价格的_____% 为限。但是,违约方应支付的违约金低于给对方造成的损失的,应就差额部分进行赔偿,且承担的赔偿金额不以签约合同价为限。

8. 保密

8.1 保密

乙方应对在合同执行过程中了解到的涉及甲方及工程项目所有商业秘密的资料以及其他尚未公开的有关信息承担保密义务,并采取相应的保密措施。

8.2 未经甲方书面同意,乙方不得在合同期内或合同履行完毕后任何期限内以任何方式对外泄露或用于与本项目无关的其他任何事项。

8.3 本条约定在本合同终止后仍然继续有效,且不受合同解除、终止或无效的影响。

9. 不可抗力

9.1 本合同中不可抗力是指不能预见、不能避免并不能克服的客观情况,包括但不限于自然灾害、战争、武装冲突、社会动乱、暴乱或按照本条的定义构成不可抗力的其他事件。

9.2　任何一方由于不可抗力而影响本合同义务履行时，可根据不可抗力的影响程度和范围延迟或免除履行部分或全部合同义务。但是受不可抗力影响的一方应尽量减小不可抗力引起的延误或其他不利影响，并在不可抗力影响消除后，立即通知对方。任何一方不得因不可抗力造成的延迟而要求调整合同价格。

9.3　受到不可抗力影响的一方应在不可抗力事件发生后 2 周内（含本数），取得有关部门关于发生不可抗力事件的证明文件，并以传真等书面形式提交另一方确认。否则，无权以不可抗力为由要求减轻或免除合同责任。

9.4　如果不可抗力事件的影响已达 120 天或双方预计不可抗力事件的影响将延续 120 天以上（含本数）时，任何一方有权终止本合同。由于合同终止所引起的后续问题由双方友好协商解决。

10. 合同变更或解除

10.1　发生下列情况之一的，双方可协商变更或解除合同：

10.1.1　合同订立的依据发生变化，导致合同不能继续履行的；

10.1.2　由于不可抗力或意外事故导致合同全部或部分无法履行的；

10.1.3　由于国家电网有限公司制度发生变化，导致合同不能继续履行或继续履行合同已无必要；

10.1.4　由于乙方未能按合同要求履行合同或由于其他原因，导致达不到约定目标的。

10.1.5　合同约定的其他情况。

10.2 除本合同已有约定外，合同一方要求变更或解除合同的，应提前_____日（含本数）书面通知对方，协商解决。因变更或解除合同，导致一方遭受损失的，除按合同约定和依法可免除责任的情形以外，应由责任方负责赔偿。

11. 适用法律

本合同的订立、解释、履行及争议解决，均适用中华人民共和国法律。

12. 争议解决

12.1 因合同及合同有关事项发生的争议，双方应本着诚实信用原则，通过友好协商解决。经协商仍无法达成一致的，按以下第_____种方式处理：

（1）仲裁：提交_____仲裁，按照申请仲裁时该仲裁机构有效的仲裁规则进行仲裁。仲裁裁决是终局的，对双方均有约束力。

（2）诉讼：向_____所在地人民法院提起诉讼。

12.2 在争议解决期间，合同中未涉及争议部分的条款仍须履行。

13. 合同生效

本合同经双方法定代表人（负责人）或其授权代表签署并加盖双方公章或合同专用章之日起生效。合同签订日期以最后一方签署并加盖公章或合同专用章的日期为准。

14. 合同组成

乙方与前期工作中所涉及的每一补/赔偿权利人签订的《补/赔偿合同》及附件、《搬迁合同》及附件、搬迁补偿费支付收据、评估报告、当地政府关于拆迁补偿相关文件以及甲方要求乙方提供的与本合同有关的其他材料，均为本合同的组成部分。

15. 份数

本合同一式＿＿份，甲方执＿＿份，乙方执＿＿份，具有同等法律效力。

16. 特别约定

本特别约定是合同各方经协商后对合同其他条款的修改或补充，如有不一致，以特别约定为准。

16.1 按照本协议约定，负责委托范围内所有赔偿事宜。乙方在不影响正常施工进度的前提下，完成全部线路保护区内所有建设场地征用及清理赔偿等工作。并保证工程按照"电网建设一级网络进度计划"按时竣工。

16.2 委托事项费用由甲乙双方按照本协议建设项目内建设场地征用及清理赔偿内容为基础，依据设计资料，并经设计、监理、施工、业主现场调查，费用标准依据市人民政府制定的地区征地拆迁补偿标准确定。

16.3 工程投运前，乙方完成全部委托范围内所有赔偿事宜，并将所有建设场地征用及清理赔偿协议、付款凭证、结算资料和相应票据报送至甲方，过期不候，由此造成的损失，由乙方承担。所有协议、签证和票据经甲方审核无误后，向乙方支付剩余＿＿＿＿％款项。

16.4 涉及单位（企业）的赔偿，应提供对应线路的位置（哪档线之间）、被赔偿单位（企业）的营业执照、产权证明等复印件、被赔偿单位开具的收款发票或收据、联系方式、银行转账凭条、有明显参照物的赔偿前的影像资料和赔偿后的影像资料。

16.5　涉及个人赔偿，必须提供对应线路的位置（那档线之间）、乡村名称［加盖村（乡）委会公章］、个人姓名及身份证复印件、联系方式、银行转账凭条、收款条签章（并盖个人手印）等。其中宅基地赔偿，还应提供宅基地地契复印件；树木砍伐、大棚、机井、建（构）筑物等，还应提供有明显参照物的砍伐或拆除前后影像资料。_____。

（以下无正文）

签 署 页

甲方：   乙方：

（盖章）   （盖章）

法定代表人（负责人）或   法定代表人（负责人）或
授权代表（签字）：   授权代表（签字）：
签订日期：   签订日期：
地址：   地址：
联系人：   联系人：
电话：   电话：
传真：   传真：
Email：   Email：
开户银行：   开户银行：
账号：   账号：
统一社会信用代码：   统一社会信用代码：

附件

赔偿明细表

序号	赔偿内容	单位	数量	金额

附录 1

输变电工程甲供物资四方确认表

工程名称：

序号	单体工程项目名称	物料号	物料描述	采购订单采购数量	采购订单计量单位	采购订单单价（不含税）	图纸量	施工量	量差	备注

各单位意见：

业主项目部：签字：（章）	监理项目部：签字：（章）	设计项目部：签字：（章）	施工项目部：签字：（章）

附录 J

工程分部结算资料移交清单

序号	资料名称	纸版	电子版
1	批准概算、施工图预算		
2	施工招标文件		
3	施工单位中标报价 （博微软件及 Excel 版）		
4	中标通知书、施工合同		
5	施工图纸（包含地勘报告）		
6	开工报告、中间验收报告		
7	隐蔽工程验收记录、施工日志、 监理日志		
8	施工单位分部结算书及相关支撑资料		
9	分部结算时已发生的签证、变更		

附录 K

工程竣工结算移交资料

序号	需提供的资料名称	资料提供情况		要求提供资料时间	实际提供资料时间	未能提供原因	责任人
		资料格式	资料要求				
一	项目概况						
1	项目名称：××千伏输变电工程						
2	开工时间： 年 月 日						
3	竣工时间： 年 月 日（实际竣工时间）						
4	工程前期文件（含项目可研、初设、施工图等评审文件）	Excel版、PDF版	按照技经风险防控要求报送	工程开工后10日内			计划专责
5	工程开、竣工验收报告、启动投产鉴证书（开工报告时间为3月3日，开工报审表为3月9日）	PDF版	实际开竣工时间	审批完成后10日内			项目经理
6	项目征地拆迁相关资料	PDF版	专款专用、独立核算、依据协议、原始票证、赔偿明细齐全	工程竣工后10日内			前期专责

续表

序号	需提供的资料名称	资料提供情况		要求提供资料时间	实际提供资料时间	未能提供原因	责任人
		资料格式	资料要求				
7	自主赔偿相关资料	PDF版	专款专用、独立核算、依据票证、原始赔偿明细齐全	工程竣工后10日内			项目经理
二	工程设计文件						
1	招标文件（含答疑资料）	PDF版		第一次工地例会			设计单位
2	中标通知书、合同扫描件（含合同签流转手续）	PDF版	合同签署页须有章；必是全本	第一次工地例会			设计单位
3	审定概算书、预算书	excel版	必须与批复文件保持一致	第一次工地例会			设计单位
4	图纸会审纪要	PDF版	附签到表	第一次工地例会			项目经理
5	结算单	excel版		工程竣工后10日内			现场造价管理

续表

序号	需提供的资料名称	资料提供情况		要求提供资料时间	实际提供资料时间	未能提供原因	责任人
		资料格式	资料要求				
6	考核单	PDF 版	签字、盖章	工程竣工后10日内			项目经理
三	工程监理文件						
1	招标文件（含答疑资料）	PDF 版		第一次工地例会			监理项目部
2	中标通知书、合同扫描件（含会签流转手续）	PDF 版	合同签署页须有章；必是全本	第一次工地例会			监理项目部
3	监理日志	纸版		工程竣工后10日内			监理项目部
4	结算单、考核单	PDF 版		工程竣工后10日内			项目经理
四	工程施工文件						
1	招标文件（含答疑资料）、投标文件（含报价书）	PDF 版		第一次工地例会			施工项目部

续表

序号	需提供的资料名称	资料提供情况		要求提供资料时间	实际提供资料时间	未能提供原因	责任人
		资料格式	资料要求				
2	工程量清单、中标通知书、合同扫描件（含会签流转手续）	PDF版	合同签署页须有章；必是全本，含补充合同	第一次工地例会			施工项目部
3	施工、监理项目部成立文件	PDF版	盖章版或红文	第一次工地例会			项目经理
4	施工图（含地勘报告）	纸版、PDF版	与现场保持一致	第一次工地例会			项目经理
5	工程联系单、现场见证单、据实结算金额确认单	纸版、PDF版	签字、盖章、附件齐全	工程竣工后10日内			施工项目部
6	施工日志、隐蔽工程验收报告（隐蔽验收五方签字无日期）	纸版、PDF版	报告必须签字、盖章	工程竣工后10日内			施工项目部
7	工程调试报告	PDF版	报告必须签字、盖章	工程竣工后10日内			施工项目部
8	设计变更、现场签证(考核单)(事故油池等挖方深度设计变更与隐蔽验收记录间逻辑错误)	纸版、PDF版	签字、盖章、附件齐全	随时，竣工后杜绝发生			现场造价管理

续表

序号	需提供的资料名称	资料提供情况		要求提供资料时间	实际提供资料时间	未能提供原因	责任人
		资料格式	资料要求				
五	竣工结算资料						
1	送审结算书汇总表	PDF 版		启动投产后10 日内			项目经理
2	报审的结算书（含编制说明和计算书，包括电子版）	纸版、excel 版	签字、盖章	启动投产后10 日内			现场造价管理
3	与工程有关的其他合同（咨询、评估等）（经法系统）（含办公用具购置）	PDF 版	合同签署页须有章；必是全本	工程竣工后10 日内			合同专责
4	供应设备材料明细表（含电子版）	纸版、excel 版	签字、盖章	启动投产后15 日内			物资部、项目经理
5	整套已发生变更、签证	纸版、excel 版	签字、盖章、附件齐全	启动投产后10 日内			现场造价管理
6	竣工图	纸版、PDF 版	蓝图、签字、盖章齐全	启动投产后30 日内			项目经理